国家社会科学基金项目"我国港澳台地区城市更新中的公共治理机制及其借鉴研究"（项目批准号：15BGL213）研究成果

中国港澳地区城市更新中的公共治理机制研究

郭湘闽　李晨静　吴　奇　王冬雪　著

中国建筑工业出版社

图书在版编目（CIP）数据

中国港澳地区城市更新中的公共治理机制研究 / 郭
湘闽等著. —北京：中国建筑工业出版社，2022.2
　　ISBN 978-7-112-27017-0

I. ①中⋯　II. ①郭⋯　III. ①城市建设—城市规划—
公共管理—研究—香港 ②城市建设—城市规划—公共管理
—研究—澳门　IV. ①TU984.265.8 ②TU984.265.9

中国版本图书馆CIP数据核字（2021）第276057号

责任编辑：焦　扬　徐　冉
责任校对：李美娜

中国港澳地区城市更新中的公共治理机制研究
郭湘闽　李晨静　吴　奇　王冬雪　著

＊

中国建筑工业出版社出版、发行（北京海淀三里河路9号）
各地新华书店、建筑书店经销
北京点击世代文化传媒有限公司制版
北京中科印刷有限公司印刷
＊

开本：787毫米×1092毫米　1/16　印张：13　字数：203千字
2022年7月第一版　　2022年7月第一次印刷
定价：**58.00**元
ISBN 978-7-112-27017-0
　　（38815）

前　言

在世界范围内，城市更新长期以来都是各地方政府所面临的公共治理难题之一。当前随着经济发展内生动能的切换，中国正面临着城市转型的关键时期——城市从增量发展转向存量发展，而在各地广泛兴起的城市更新正是见证这一历史进程的标志性事件。在市场条件下，城市更新实质上意味着包括土地和建筑物所有权在内的利益再分配过程，涉及原居民、开发商、投资者以及政府等多个利益群体，往往伴随着激烈的利益博弈乃至冲突。如何妥善处理转型期城市更新利益的激荡与冲突，成为中国城市公共治理走向成熟所必须面对的问题。

为此，在转型中的中国内地城市急需借助他山之石，以修正自身的行动指南。而放眼全球，城市更新并不存在可以简单实施"拿来主义"的模板，几乎所有城市都在根据自身的社会、经济乃至文化体系探索符合自己实际条件的管治之路。因此要辩证思考中国内地城市的可持续转型之道，离不开对于可参考城市以下两方面特征的关注：一是社会和文化背景，二是市场经济实践体系。在这双重标准观照之下，无疑最能够符合研究者期待的当属我国的台湾、香港和澳门地区。

在此背景下，笔者带领团队自2015年以来承担了国家社会科学基金研究课题"我国港澳台地区城市更新中的公共治理机制及其借鉴研究"（项目批准号：15BGL213），本书即为历时五年方告完成的成果中港澳地区研究成果的总结。

在研究框架的设计上，对于港澳各自的更新机制研究都遵循统一的分析路径，即按照"基础研究—治理结构—实施体系—保障体系"的顺序逐次展开。

众所周知，城市更新的研究素来以内容庞杂、涉及利益群体高度复杂而著称，再加上研究对象分散在两岸多地，更是给研究带来了前所未有的挑战。

例如在用语这个细节上，大陆所称的"城市更新"在香港通常使用的是"市区重建"，而在澳门则习惯采用"旧城区保护与活化"的用语。类似差异比比皆是。幸好承蒙众多友好人士如香港大学贾倍思教授、香港中文大学汤远洲副研究员、澳门规划师学会会长崔世平博士、澳门建筑师学会会长梁颂衍建筑师的支持，我们得以多次实地考察调研了香港、澳门等城市，先后对香港规划署、香港市区重建局、香港大学、澳门规划师学会、澳门建筑师学会等专业机构以及相关人士进行了开放式访谈。在此特向上述机构和相关人士致以衷心的谢意！

本书实质上是团队集体智慧的结晶。具体写作分工如下：郭湘闽负责全书的整体研究思路确立、框架建构、各章节部分内容的撰写以及全书修订统稿；李晨静、吴奇负责港澳部分内容的写作；王冬雪参与了第 1 章部分内容的撰写；王莹、高小妮负责全书的图文修订。

在为期五年的长时间思考研究当中，我们深深感受到要构建内地、香港、澳门共同的发展愿景，非常需要建立跨越地域、文化和治理体系的系统思考。由于城市更新问题中深度交织着公共管理学、城乡规划学、法学等多个学科的问题，港澳地区的跨地域研究又是一项前人罕有问津的挑战性课题，本书作者限于自身的学术水平和研究能力，难免会出现不够成熟乃至谬误的认知，在此恳请能得到来自各专业界别人士的宝贵指正。本书愿意在这个充满艰难但是不乏乐趣的道路上作一点先行的探索。

郭湘闽

2022 年 2 月 15 日元宵节于深圳大学城

目　录

第1章 绪论

1.1 研究背景

随着经济发展内生动能的切换，中国正面临着城市转型的关键时期，城市更新作为城市再次发展的契机而成为关注的焦点。市场条件下，城市更新实质上意味着包括土地和建筑物所有权在内的利益再分配过程，涉及原居民、开发商、投资者以及政府等多个利益群体，往往存在着激烈的利益博弈乃至冲突。

伴随着市场经济的发展和民主法治的进步，城市更新中各种群体的利益博弈及其协调，已经成为内地地方政府公共管理必须面对的常态。特别是在《物权法》出台后，公众更加注重自身利益，因此，在更新过程中经常存在政府、资本与民众之间的尖锐交锋与博弈，内地各地方政府不得不经常面对"最牛钉子户"所造成的尴尬局面，或因拆迁问题引发的极端事件所导致的政治风险。鉴于此，为维护稳定和谐的民主社会环境，消减极端事件和群体性事件所导致的社会危机，亟须探讨政府管理理念与管理方式的变革，以更好地尊重和保护多元利益主体的权利，促进城市更新的效率与公平。

对此，中国港澳地区在城市更新的过程中遭遇过与内地城市类似的情势。香港与澳门两地的都市区域人多地少，更新需求强烈，历史上均经历了资本主义政治与经济制度的实施，因而在市场经济体制和公共治理方面具有较高的相似性；但在土地制度和具体的更新实施方式上又存在着显著的差异。在当前推进"一国两制"实施的重要历史时期，研究港澳地区在城市更新中开展公共治理实践经验的得失，对于加强"一国两制"理念的可实施性具有重要意义，并且对于改善内地城市的公共治理方式亦具有重要的参考价值。

1.2　研究意义

1. 研究港澳不同体制下的城市更新治理行为，为内地提供宝贵的借鉴样本

港澳地区关于城市更新的理论和实践显示，城市更新的发展趋势是促成多元利益主体协作的法治化和机制化，使公共治理的理念和公私合作等灵活的政策工具在市场环境中有效地结合起来。反观内地，城市更新过程中尚存在更新管理体制难以适应市场经济要求、公权力主导下的传统更新模式与私权利相冲突、城市更新规划的运行缺乏规范化程序制约等突出矛盾。

相比内地而言，港澳地区的城市更新发展历程较长，相关经验较为丰富，但在港澳回归后，并无文献系统地研究和同步比较港澳的相关实践经验，这些都不利于内地与港澳学界的交流。为此，在内地与港澳地区公共管理与政策法治交流日益密切的大背景下，在构建民主法治社会理念日益深入人心的今天，系统地研究并借鉴港澳地区城市更新的公共治理理念及其机制，将能更好地促进彼此相互理解与交流、促进内地城市提高公共治理服务水平，已凸显出其重要的现实研究价值和前瞻性意义。

2. 采用多学科与多地区协同的研究视角，推动新兴城市研究学科群的发育和构建

关于港澳地区的城市更新研究涉及公共管理学、城乡规划学等多个学科，更牵涉到一手资料难以获取等实际问题。本研究基于长期的合作伙伴关系，构建了具有城乡规划、公共管理、金融等学科背景的多元学术体系，研究团队分布于两岸多地。这种跨学科背景和多地区协同的联合研究模式，突破了原有城市更新研究的单一模式，在推动新兴城市研究的集群式发展方面具有积极的意义。

1.3　相关概念界定

1.3.1　城市更新 / 市区重建 / 旧城区保护与活化

城市更新 ❶（英语译名：urban renewal 或 urban regeneration）是中国内

---

❶　是指"一个都市之内，为早期欠缺规划或是建筑物日久失修而做出全面或部分地区性的重建或整修动作"[1]。

地的术语，也被称为"旧城改造"。城市更新的目的在于为城市实质环境与机能带来全面性的改善，更广泛地带动社会与经济环境的优化。更重要的是促进政府与民间资本和企业的合作，拉动就业，从而带动城市经济发展，增强活力。

在中国港澳地区，根据城市更新发展的实际情况与重点的不同，其通常被分别称为"市区重建"（香港）和"旧城区保护与活化"（澳门）。在基本意义上，它们与内地所称的"城市更新"具有相同的内涵，为表述方便，本研究将在各处分别沿用各自的惯用称谓。

1.3.2　公共治理

公共治理，出现于 20 世纪 90 年代初期，是作为补充政府管理与弥补市场调节不足而产生的一种社会管理方式，现已逐渐成为公共管理的重要理念和价值追求。"公共治理是以政府为主导，多种社会组织合作并存的新型社会公共管理模式，是建立在市场原则和公共利益相互认同基础之上的国家与社会的合作治理模式。其实质是政府在管理社会公共事务时，将一部分职能转交给公民及非政府组织行使，不但减轻了政府的负担，也丰富了公共管理的手段与方法，保证了社会多样性服务要求的满足，增进和实现了公共利益"[2]。

1.3.3　机制

"机制"一词原意是指机器的构造和工作原理。现在还被广泛应用于自然现象和社会现象，指事物内部的组织及运行规律，即通过一定的运作方式把各个部分有机地联系起来并协调运作[3]。从机制的功能上来看，有激励机制、制约机制和保障机制等。

1.4　文献综述

1.4.1　治理理论的兴起及背景

治理理论是 20 世纪社会科学研究的前沿理论，现已被广泛地应用到政治、行政改革等公共事务的研究和实践领域。治理理论突破了传统的国家与社会

二元对立的思想，主张政府与社会组织的协同合作，对国家公共事务的管理
有重大的启示作用。

自 20 世纪 90 年代以来，治理理论在西方学术界的政治学、行政学、管
理学等领域都引起了热烈的讨论。就如治理问题专家鲍勃·杰索普所说，治
理一词已经成为可以涉及方方面面的时髦词语，尤其是全球化时代的到来使
治理理论受到了更广泛的关注。许多学者认为，人类的政治生活必将发生重
大的变革，政治重心逐渐由"统治"向"治理"过渡[4]。

众多国际组织都发表了以治理与发展为主题的正式报告。"联合国有关机
构还特别成立了一个专门的机构'全球治理委员会'，并出版了一份《全球治
理》的杂志"[5]。随着对治理问题的广泛讨论，出现了一些代表性人物，如罗
泽瑙（J. Rosenau）、罗德斯（R. Rhodes）、休伊特（C. Hewitt）等，其中，代
表作以罗泽瑙的《没有统治的治理》和《21 世纪的治理》最为著名。

治理理论产生的原因主要有以下几点：

第一，西方福利国家出现了管理危机。第二次世界大战之后，部分国家
出现了行政效率低下、财政危机、服务低劣等问题。政府与公民社会失去
了应有的联系，政府无法预测自己的行为后果，公民也无法对其管理过程
实施监督。由于受到"全球化"浪潮的影响，"超级保姆型"的传统政权理
念受到了质疑。"在这样的背景下，治理理论作为既重视发挥政府的功能，
又重视社会组织群体势力相互合作、共同管理的一种方式和理念登上历史
舞台"[5]。

第二，市场及等级制的调节机制发生危机。市场机制的优势在于发展和
提高资源配置效率，但同时也会产生分配不公、外部化、市场垄断等负面影
响[5]。等级制调节机制的失灵也会造成政府规模过度膨胀、行政效率下降、
信息受阻与失真等现象的发生[5]。此时，治理理论的网络管理体系成为社会
急需的新的调节机制。

第三，现代技术的发展也促使治理理论产生。现代信息技术的迅猛发展
使管理信息的收集、处理和传播更为便利，它一方面加强了政府、组织和公
民之间的联系，另一方面使得公民和社会对于信息和知识的获取更为便捷，
从而能够更好地参与到管理过程中来[6]。

1.4.1.1　治理的基本界定

治理（governance）一词在拉丁语和希腊语中是控制、引导和操舵的意思。一直以来，在国家公共事务的管理活动和政治活动中，"治理"与"统治"二者是交叉运用的。

20 世纪 90 年代以来，西方政治学家和经济学家为"治理"赋予了新的含义。表 1-1 所示为著名治理理论专家对于治理作出的定义。

治理专家对治理的定义 [4-15]　　　　表 1-1

代表人物	治理的定义
詹姆斯·N. 罗泽瑙（James N. Rosenau）	治理是一种由共同目标支持的活动，而这些管理活动的主体未必是政府，也不是必须依靠国家的力量实现
罗德斯（R. Rhodes）	最小国家的管理是削减公共开支，以最小的成本取得最大的效益；公司的管理、指导、控制和监督企业运营的组织体制；新公共管理，将市场的激励机制和私人部门的管理手段引入政府的公共服务；善治，强调效率、法治、责任的公共服务体系；社会控制体系，政府与民间、公共部门与私人部门之间的合作与互动；自组织网络，建立在信任与互利基础上的社会协调网络
格里·斯托克（Gerry Stoker）	治理意味着一系列来自政府但又不限于政府的社会公共机构和行为者；为社会和经济问题寻求解决方案的过程中存在着界限和责任方面的模糊性；涉及集体行为的各个社会公共机构之间存在着权力依赖；参与者最终将形成一个自主的网络；办好事情的能力并不仅限于政府的权力，也不限于政府发号施令或运用权威
皮埃尔·德·塞纳克伦斯（Pierre de Senarclens）	除政府外，社会和经济还需要其他机构和单位负责维持秩序，参加调解。政府和非政府性组织、私人企业和社会运动共同构成本国与国际的政治、经济和社会协调形式
俞可平	治理是在一个既定的范围内，官方或民间的公共管理组织运用公共权威来维持秩序，以满足公众的需要

1.4.1.2　治理理论的基本特征

1. 治理的主体多元化，重视社会群体势力

在一个国家公共事务的管理中，政府并不是唯一的公共权力中心，其他公共组织均可参加政治、经济与社会事务的管理与调节 [16]。政府把原先自己

承担的部分责任转移给私人部门和公民自愿团体，让这些组织能够在"法制和制度框架内合法地运作，积极参与社会管理，参与决策和共识的建构"[6]。治理主体之间不再是控制与被控制的关系，而是平等合作的关系。

2. 治理权利的多中心化，互相监督制衡

在公共治理模式中，由于政府不再是唯一的权力中心，其不能再依靠权威，指令性地制定政策对公共事务实行单一化的管理。其他权利主体如公共组织、私人部门、国际组织等也要参与到管理中，形成多个权力中心，互相制衡、监督，共同治理公共事务。

3. "全能"政府向"有限"政府转变

公共治理理论强调公民应自主自治地解决问题，政府应把一部分权力下放给私人组织或公共机构。奥斯本在《改革政府》中指出："政府要在公共管理中扮演催化剂和促进者的角色"，是"掌舵"而不是"划桨"。政府应当由全能型向有限型转变，使其他主体参与到公共事务的管理中去，这样既可以提高效率也能节约成本。当然，政府在公共治理失灵的时候也要及时地承担起责任，避免出现管理缺位的现象。

4. 参与合作是公共治理的工作方式

公共治理强调主体多元化、权力多中心化，因此注重治理的相关利益者、专家学者以及公共组织和个人的广泛参与，通过协商、谈判的方式达成共识[17]。

5. 建立自主自治的网络体系

多元化的治理主体之间存在权力依赖与合作伙伴关系。每个治理主体都需要放弃部分个人权利而相互依靠，进行资源和优势互补，通过平等对话，形成公共事务管理的联合网络体系[5]。

1.4.2　西方城市更新中公共治理机制的相关研究

西方国家的城市更新开始于第二次世界大战之后，由于人口和产业向城市中心区外围转移导致城市建成区出现了老化衰败的情况，直接引发了城市更新运动[1]。外国学者对于城市更新的研究经过了一定时期的演变，由20世纪90年代开始关注城市物质环境的改善[2]，逐渐转变到关注社会生态稳定的领域[3]。随着土地绅士化所带来的负面影响，相关学者对其展开了研究，Lees 研究了绅士化为城市旧区带来的影响[18]，并解释了土地绅士化的转变过程[19]。同时，城市更新与可持续发展也是研究的热点内容。Harrison 和 Davies 指出城市更新中可持续发展的关键在于对宗地的再利用[20]，Hale 和 Sadler 提出生态保护应该作为可持续城市更新的关注重点[21]。在对于城市更新中历史文化遗产的保护研究方面，除了对实体物质的关注，还出现了对于无形资产的保护研究。Sepe 在研究中探讨了如何保护并利用城市发展中的非物质文化遗产的价值[22]。英国城市更新的目标随着可持续发展、生态城市、新区域主义等理念的倡导和深入，由原来的单向维度转变为包括物质环境改善、经济产业复兴、社会全面发展、社区公众参与、历史文化保护传承等在内的多元维度，其更新政策也由公、私、社区伙伴关系引导[23]。

1. 城市更新利益主体的研究

城市更新项目的参与者主要包括政府相关部门、非营利组织机构、私营企业以及受更新项目影响的市民。国外学者就参与者间的治理结构以及其对城市更新的影响开展了一定的研究：Bromley 等人发现居民对于保持城市更新区域的活力具有一定的贡献[24]；Gerard 和 Marja 讨论了政府在更新与保护中的作用，认为其应发挥一定的调控作用[25]；Brownill 等分析了英国传统的地方政府主导的城市更新治理结构受到社会、经济、民主和环境的影响，进而出现了新型网络关系的治理结构[26]；Austin 和 Montserrat 等对比了英国伯明翰和西班牙巴塞罗那的两个项目中规划设计者和政策决策者在应对更新活动挑战中所发挥的作用[27]；Kriese 等认为私营企业作为开发商，在更新项目中通过对城市空间、景观以及居民生活的影响而对城市的更新起到了一定的推动作用[28]。

2. 城市更新政策机制与管理模式

Lees 明确地提出了在市场条件下，政府应当采取多种经济手段如所有权及其运作、激励与惩罚、产权的建立、分配与强化以及信息等来促进城市更新中历史文化的保护，同时还强调了公共领域和私人市场领域充分合作的必要性[18]。Harrison 等对英国城市更新的经济更新与资金来源问题，物质环境更新问题，社会和社区问题，就业、教育与培训问题以及住房问题等进行了详细的阐述，并从土地发展与相关立法、政府的控制与评价、组织与管理等角度提出了解决方案 [20]。

Hale 和 Sadler 汇集了美国都市中心街区更新的研究成果，对城市更新与经济发展、公共管理的互动联系进行了阐述，肯定了在更新过程中政府、市场与社区三者之间全面合作的重要性 [21]。Sepe 介绍了西方各国所制定的具体公共政策和保护法规，针对都市传统中心区更新与保护这一主题，分别从管理、规划、法律与公共政策等方面进行了细致的论述。它们注重充分调动金融、教育、培训、宣传乃至政府各部门之间纵向与横向的紧密合作力量，共同建构旧城中心区更新的资源网络 [22]。姚震寰研究了英国城市更新中的政策，通过对不同城市的分析，提出在市场引导下，采用公私合作的方式来促进城市的更新 [23]。Bromley 等呼吁在都市复兴过程中重视社区，充分发挥当地社区在制定城市政策中的参与作用，以实现社会平等的可持续发展目标 [24, 25]。Brownill 和 Carpenter 则指出，对于都市中心区更新的重视应当建立在不断增强的政策手段之上，为此他提出要采用新的政府治理和合作模式，同时引进企业化的机制作为促进城市进步的驱动力 [26]。

3. 城市更新中的公共参与

治理与管理最大的区别在于决策过程是一个多元利益主体协商的过程 [29]。在城市更新的实施操作方面，西方学者对各利益主体参与更新活动的方式和方法进行了研究，特别是公众参与和社区参与作为保障城市更新中各利益主体之间公平和平衡的重要策略，引起了广泛的关注和探讨：Ford 通过研究认为改善公众计划的协调性有助于城市更新项目更有针对性地解决社区及城市问题 [30]；Davies 指出城市更新实施的行政手段或者经济手段都不是减少阻力的最佳手段，应当充分尊重公众意见以降低矛盾 [31]；Imrie 等指出传统的以政府为主导的自上而下进行城市更新与保护工作的方式难以取得良好的效果 [32]；Bagaeen 对比了三个国家军事基地更新改造项目中的公众参与情况，指出全面协调各方利益可以提高开发商的收益 [33]；Monecke 等以天主教堂的更新保护为案例指出了参与者间的合作关系存在拼凑式的不足 [34]；Thwala 强调城市更新应注重社区的参与，使得多元利益主体共同参与到更新保护活动中 [35]；Cinderby 运用 GIS 手段提出了一种克服某些群体难以参与到更新活动中的创新方法 [36]。

对于城市更新实施过程的具体方式与策略,相关学者也开展了一系列的研究。Harrison 和 Davies 研究了利用土地整备这一策略性工具开展城市更新的具体路径[20]。Roberts 研究了英国的城市更新,认为实现更新的良好效果需要从完善顶层设计入手,通过综合各项社会资源促进更新的实施[37]。Williams 认为城市更新工作的实施方式应该是建立合作关系,这种合作关系应该是全面而广泛的[38]。Schuster 认为在城市更新的实施过程中离不开市场的支持,需要通过制度性手段将市场的力量引入到城市更新中去[39]。Davies 研究了城市更新中的拆迁问题,认为以行政手段或经济手段都难以避免拆迁中冲突事件的发生,需要以合作的精神与居民展开合作[31]。

相关学科如公共管理学的前沿理论发展也为指导西方政府管理实现变革铺就了坚实的理性路径。以奥斯特罗姆夫妇、迈克尔·麦金尼斯等为代表的公共管理学者,向传统的崇尚政府单一集权中心的"单中心理论"发起了挑战,提出了广受关注的"多中心理论"。该理论认为,城市管理应当从政府单一的垄断性权威中摆脱出来,把治理权力授予多元社会主体,以形成多层次的交叠管理和市场化竞争[40, 41]。

在此基础上衍生出来的"社群自主治理"理论,更进一步指出公共服务或产品完全可以由小规模的民间社群自行承担,打破了必须由政府来提供所有公共产品的传统观念[29]。这为推动城市更新中的公众参与、鼓励社区居民自主承担社区范围内的城市更新规划和管理提供了一个崭新的思路。

1.4.3 港澳城市更新中公共治理机制的相关研究

港澳地区在城市更新之初,也面临着产权问题复杂、配套机制不成熟等诸多问题。为解决上述问题,港澳地区政府通过实践探索,通过制定一系列富于变革色彩的法律法规以及设立专门机构的方式,来削减城市更新过程中所产生的负面影响,从而较好地推动了城市更新发展。

其中的研究可以概括为以下方面。

1. 总结旧城更新和历史保护的体系建构思路

对于香港城市更新发展及其机构变革的研究主要包含三个层次:①对市区重建历程的阶段划分;②对市区重建局管理机制的介绍;③对历史建筑保育政

策计划的简述。目前，内地学者普遍认同将香港市区重建历程依据主导机构的不同划分为三个阶段，即土地发展公司成立之前、土地发展公司成立至市区重建局（URA）成立之前和市区重建局成立至今。市区重建局从成立到发展完善的过程得到了更为细致的梳理：张更立就市区重建局成立的过程进行了描述[42]；陈敦鹏从机构性质、组织框架、计划目标、运营资金等方面介绍了市区重建局的运作机制[43]；殷晴论述了市区重建局成立后香港《市区重建策略》的检讨过程[44]。

部分学者对香港市区重建中的相关策略进行了有效性评价并提出了建议：Ngai-long对不同时期的香港市区重建策略进行了较为全面的分析，并从政府、学者等不同角度剖析了城市更新的原因及对策[45]；Hui等研究评估了香港市区重建进程及《土地（重建发展强制售卖）条例》的有效性，以及市区重建局奖励计划下更新的进度及城市重建率，并且对新加坡推进私人机构参与重建活动的成功经验进行借鉴[46]；马强等系统地梳理了香港城市更新的特殊背景、历史全程，分析了不同历史时期香港城市更新的具体措施，并对其组织架构、法规体系、更新策略、公众参与等进行重点讨论[47]；Ng S.研究了公众参与策略在香港城市更新中的应用及发展，认为应当加强公众在更新规划过程中的参与度[48]。在保育活化策略方面的研究主要围绕"活化历史建筑伙伴计划"的有效性评价展开：Cheung等对公私合作的保育活化模式提出改进意见[49]；Yung等以香港中区警署保育活化为例指出公众参与是提高文化遗产保育可持续性发展的重要因素，并提出了对保育项目进行有效性评估的框架[50]；Yung等通过研究决定遗产保护评级制定的客观因素，发现受市场主导的遗产保护规划有利于取得经济效益[51]；Tam等以历史建筑"雷生春"的保育活化为例，通过问卷调查的方式探求公众对于"活化伙伴计划"的评价[52]。

相关学者在澳门实施策略层面的研究主要分为三个方向：总结实施策略、分析其不足和介绍重点内容。总结实施策略方面：彭峰具体介绍了澳门《文化遗产保护法》草案，对其进行评析并提出建议[53]；张鹊桥在《文化遗产保护法》出台之后，重点介绍了该法相对回归前的文物保护法令在奖惩制度方面和管理机构权限等方面的突破[54]；郎朗则从立法、管理机构和实际案例等多角度出发，综合分析了澳门历史遗产的管理情况[55]；Chung从城市遗产保护背景和过程出发，梳理了澳门历史遗产不断变化的保护方法和策略[56]；高伟等通过对比广州和澳门的历史城区保护管理体系，总结出划定完整性的保护范围和编制框架性的管理条例两大重要保护策略[57]；童乔慧通过论述澳门历史建筑保护与利用的发展与实践，将历史建筑的保护利用策略分为维修复原、新建改建、扩建以及周边城市空间改造四种方式[58]。分析不足方面：Imon 等指出澳门历史遗产保护的实施策略过分注重物质空间而忽视了精神层面[59]。介绍重点内容方面：朱蓉介绍了澳门历史遗产保护实施策略的重点关注内容——公众参与，阐述了澳门历史城区在申请世界遗产之际推出的"文物大使计划"，指出该项计划使文物保护工作由政府单方面倡导转向了全民支持参与城市遗产保护的互动新模式[60]。

2. 通过机制化的公私伙伴关系推动城市更新

有关学者对香港市区重建中因负责重建发展的主导机构改变而带来的新动向进行了评析：Adams 等分析了香港城市更新主导机构由土地发展公司到市区重建局转变的原因，并指出该变化过程为市区重建政策的制定提供了经验教训，涉及的方面有公私关系的性质、战略规划与执行的有效联系以及政策转变所存在的风险性[61]；Zhang 重点阐述了香港市区重建的发展历程以及市区重建管理制度框架的变化[62]；Gwun 对比了土地发展公司时期与市区重建局时期市区重建活动中公众参与的情况，指出主导机构的变化改变了公众参与城市更新的激励结构，进而增进了公众在更新活动中的参与性[63]。张更立提出港澳政府通过公众参与，提高了市区重建局的决策透明度和公共问责性[42]。黄文炜等表明"以人为本"重建发展策略以及"细致高效、多管齐下"楼宇复修策略可以为居民提供金融贷款协助、专业服务支持等，促进市区重建工作开展[64]。

3. 通过市场化和社会化手段提升城市更新事业的策略探讨

相关学者通过对香港重建发展及保育活化项目的实证分析，探究影响香港城市更新与保护实施的重要因素，并以其为依据提出相关政策的优化建议：Chan、Lee 首先评析出当前香港城市更新实践中存在的不足之处，通过对专业人士及市民意见进行问卷调研，进而得出影响香港等高密度城市市区重建项目可持续性的关键设计因素[65]；Lau 通过对香港经典城市更新案例朗豪坊

11

的研究，试图分析市区重建对社区文化的冲击与影响，提出了社区可从保留的社区资产中获益的新发现[66]；Cheng 等研究了私人捐助的遗产保护，建议政府采取相应的保育对策[67]；Ku 以香港中区警署的保育为案例研究了遗产保育中商业利益和文化价值的平衡问题[68]；Kong 将中国香港、澳门地区及新加坡的遗产保护立法进行对比，分析了香港历史建筑保育的最大问题在于针对保护立法方面并未采取积极和全面的有效措施[69]；Gwun 探讨了香港城市遗产保护在现行规划制度下采取以地区为本的保育方法的可行性并提出了建议[63]。

对香港市区重建策略及措施的研究重在解析由其引发的对内地城市相关策略的借鉴和启示。黄文炜等详细地介绍了香港市区重建策略的具体措施："以人为本"的重建发展策略，"细致高效、多管齐下"的楼宇修复策略以及法律制度改进的文物保育策略[64]。陶希东从法制体系、组织结构、公众参与和更新策略等方面对香港市区重建进行了全面的梳理，并指出其对中国内地旧区改造的借鉴意义[70]。国内许多学者通过研究香港《市区重建策略》的具体内容及措施提出其对内地城市（特别是广州）旧城改造的启示，例如：周丽莎[71]、殷晴[72]。

对香港市区重建实践案例分析的研究详细介绍了项目的实施过程及更新方法，并对实践举措进行评价，进而得到指导内地建设的启示。研究内容包括市区重建活动的三种方法：重建发展、楼宇修复以及保育活化。其中，重建发展和保育活化的案例研究较多，对于楼宇修复的案例研究几乎没有。重建发展的实践研究重在评价项目影响及对内地的启示：邹涵等以荃湾市中心和观塘市中心这两个重建发展项目作为案例，分析市区重建在实施方式与组织机构方面的变化[73]；翟斌庆分析了传统社区保护与商业再开发之间的关系，并以香港利东街改造项目为例指出侧重于房地产经济的城市再生模式违背可持续发展要求[74]；李乔琳等从香港市区重建局和市民访谈出发，结合重建案例从城市集体回忆的角度对城市更新的空间组织方式进行了评析[75]。保育活化的案例主要来源于市区重建局组织进行的保育实践和"活化历史建筑伙伴计划"的实践，综合评述实践效果并得出对内地的启示：张佳等对所选取的三个具有代表性的私人历史建筑保育案例进行评价，并对利益相关者进行了详尽的分析[76]；翟斌庆等关注香港"活化计划"项目实践对社区发展的影响[77]；

马宁等研究了香港文物保育策略在美荷楼保育活化项目过程中的实践，分析总结了项目遇到的困难及解决方案[78]；齐一聪以"蓝屋""绿屋"及永利街等项目作为实证案例，指出在历史建筑保育活化中对于社会生活的保护与调适的重要性[79]。

对于澳门历史城区活化与更新理念的研究主要集中在产业发展、保护理念和更新策略三个层面。

第一，产业发展层面。崔世平等以望德堂地区的更新方案为例，提出了以文化创意产业改良澳门旧区结构和活力的活化方案[80]；此外，罗赤通过对澳门创意产业园区的规划设想，提出了以创意产业复苏旧城区活力的策略[81]。

第二，保护理念层面。从合作模式角度，澳门特区政府文化局负责人认为"德成按"案例探索出了一条政府与民间通过协调合作，对历史街区和历史建筑进行保护再利用的新模式[82]。从建筑特色的角度，许政提出了"文化共时"的保护理念[83]。从城市景观环境角度，郑剑艺等提出了城市景观延续性和视觉景观控制引导的理念[84]。

第三，更新策略层面。Chaplain通过梳理三种城市更新方式，指出澳门高层建筑的扩散对历史建筑遗产风貌的影响[85]；钟宏亮以澳门东望洋灯塔大辩论事件为例，阐述了澳门回归后快速的经济发展所造成的历史城区内文化遗存景观风貌的破坏[86]。赵峥总结出澳门历史遗产保护存在建设性破坏、历史环境恶化、产业结构制约、民间参与不足和人力资源匮乏五大问题[87]。Wan等梳理了经济发展与文化遗产保护的矛盾，指出澳门当前文化遗产保护面临保护准则缺失、政府协作不利、公众参与缺乏以及遗产保护立法不明四大挑战[88]。

澳门学者Chan等通过对比香港和澳门的市区重建政策，梳理澳门城市更新的发展过程，指出澳门应采取以维修、修复为主的逐步更新的策略[89]。Mok以澳门加斯兰公园为例，探究了在迷你文化景观中以友好的伙伴关系作为管理策略的可能性，旨在为其他紧凑型城市的景观管理提供参考[90]。Chen以澳门龙华茶楼作为案例研究了遗产保护中的公私合作伙伴关系（PPP模式），通过详细梳理龙华茶楼的保护过程，探索了公私合作模式在小规模私有化财产中的实际应用，为未来PPP模式下的遗产保护提供借鉴和参考[91]。梁耀鸿通过梳理澳门历史城区保护的立法及政策情况，提出保护历史核心区大三巴景观风貌的规划方案[92]。王维仁通过对澳门历史街区肌理类型"围""里"进行研究，从反绅士化、反动迁和反假古董出发，发展出一种创新的维系社区的设计机制[93]。郑剑艺等以望德堂塔石片区城市发展的历史和现状为基础进行研究，提出了适应该片区的"点轴更新模式"[94]。

1.4.4 国内外研究现状总结

总体看来，国内外学者对于港澳地区的城市更新领域开展了积极的探索和丰富的研究工作，为今后研究的不断深化提供了很好的基础。

对于香港市区重建的研究，内地学者展开了较为丰富的研究，对其发展历程及相关立法政策进行了介绍并分析了相关的实践案例，从不同角度对香港市区重建的先进经验进行总结，得出对内地城市更新保护的启示及建议。相对而言，香港及国外学者对香港市区重建所展开的研究更为深入，基于更新的具体策略模式对其运行原理进行深入探究，总结实践中存在的不足，并提出改进建议。整体而言，当前对于香港市区重建的发展历程、管理机构、政策策略以及实践评价均有了较为全面的分析。

对于澳门旧城区保护与活化的研究，随着多数学者研究视野的开阔与理解的不断深化，研究内容从物质空间保护逐渐转向探究经济发展、历史文化对旧城区保护的影响。同时，部分学者对保护和更新的新模式开展了深入剖析，不再盲目借鉴香港等地的更新理念，开始主张因地制宜的"渐进式""分期式""针灸式"的以小场所的活化为基础的城市更新方案。

当前相关研究呈现的主要特征有以下两点。

（1）依托城市更新的具体案例，采用城乡规划学科自身的理论工具开展研究。其优点是体现了理论与实践的结合，但研究视角难免因此受到局限，研究成果对于社会、公共管理、法律等宏观层面的深入剖析较少，影响了有关结论的深度和应用范围。

（2）大量研究成果主要偏重于具体的规划技术和案例设计研究，关于城市更新中公共治理模式的研究尚未开展，且目前还未出现该专题系列的研究专著。

以香港市区重建为例,当前主要侧重于对其发展的研究,而对楼宇复修和保育活化这两种重要方法探究较少。同时,对于市区重建工作中完整的组织程序关系、实施机制和保障措施的内在联系与相互作用还未具体指明,尤其是内地的研究涉足尚浅,大多停留在简单的概念及经验引进阶段,偏重于实践案例的介绍,缺乏对于香港高密度环境下所形成的市区重建原理及机制的内涵的全面梳理。综上所述,对于香港市区重建的运行实施机制和管理保障机制还存在进一步探索的空间。

对于澳门旧城区保护与更新的研究,目前虽有从管理的角度进行探讨,但仅停留在对其所采取策略的部分内容的介绍上,对整体运行机制的系统研究,如,保护活化工作中的组织机构、运行程序和保障措施等还有待进一步探索和补充。

1.5　研究目标

本书的研究目标是:

(1)深入研究港澳地区不同体制下的城市更新治理行为,结合其政治经济环境的变迁,通过研究港澳地区 21 世纪以来的城市更新实践、更新政策手段及实际运作情况,从公共治理角度总结分析其借助市场经济和民主治理双重基石所建构的城市更新机制,从而为内地的同类型城市管理模式提供宝贵借鉴。

(2)采用多学科融合、多地区协同的特殊研究路径,结合公共管理、城乡规划、法学、历史学等多元学科视角,推动针对城市更新的相关城市研究学科群的发育和构建。

1.6　研究框架与方法

在研究框架的设计上,港澳每一区域的更新机制研究都遵循统一的分析路径,即按照"基础研究—治理结构—实施体系—保障体系"的次序逐次展开。研究方法见图 1-1。

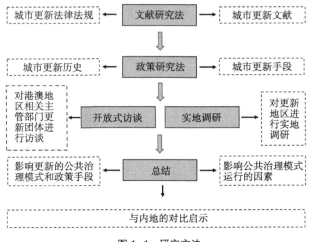

图 1-1　研究方法

1. 研究路径：政策研究方法

政策研究方法以公共政策为研究对象，旨在通过向决策者提供政策改良和政策制定建议的方式，解决重大社会问题或隐患。运用政策研究方法，阐述港澳城市更新的历史沿革，对更新规范的演变和更新实务的运作情况进行分析；探讨决策过程中各参与者之间的关系和互动机理，探讨城市更新的决策和实施过程。

2. 资料及数据收集方法：文献研究、开放式访谈和实地调研

对港澳相关学术著作及网络资料进行收集，连同相关的法规、港澳司法机构的判例判决以及政府机构针对城市更新发布的函件予以研究比较。

借助港澳方面研究人员的支持，已对香港、澳门进行多次的实地考察调研，先后对香港规划署、市区重建局、香港大学、澳门规划师学会、澳门建筑师学会等专业机构以及人士进行了开放式访谈，对城市更新地区的民众进行了调研，从中总结出了港澳城市更新的公共治理模式和具体政策手段的运行情况。

3. 比较分析的方法

通过对港澳城市更新中实行公共治理机制的前后对比，比较其运行效果和收益，从中总结其积极作用以及不足之处，以供读者进行全面辩证的认知。

第2章　香港市区重建的基础研究

　　城市更新是世界范围内众多城市所面临的严峻挑战，特别是在都市化程度较高而土地相对稀缺的发达地区。中国香港作为以人多地狭闻名的全球性大都市，就是其中的典型代表。香港全境土地面积为 1106km²，具有以滨海丘陵为主的地貌，平原面积仅占 20%~25%[95]。同时，香港土地开发的限制条件较多，划定的自然保育区的面积达 543 km²，占全港面积近 50%。由于可建设用地匮乏，香港成为世界上人口密度最高的城市之一。2017 年年底，香港已建成区的平均人口密度高达每平方公里 27276 人，是深圳的近 2.3 倍。二战后香港高速发展的经济吸引了大量移民涌入，更引发了大规模的建设工程。经过几十年的高速建设，高密度建成区快速老化而引发的城市衰败问题逐渐成为香港城市可持续发展的重大挑战。

　　香港的城市更新在高密度环境的影响下变得困难且复杂，存在着多元参与主体间的利益纷争，面临着更新速度难以跟上旧区衰败速度的困境，同时还出现过对城市历史风貌与集体记忆破坏的问题。经过几十年的不断发展，香港城市更新经历了出现问题并不断修正的过程，积累了一定的经验及教训。在不断的探索中，香港形成了能够较好适应高密度环境的城市更新机制：协调多元利益的组织构成框架、多种更新方法相配合的实施措施与多层次共同支持的保障制度。这其中包含着具有启发性的成功经验，在实践中也存在着值得关注的教训与不足。

　　"市区重建"（urban renewal）是香港自 20 世纪 70 年代延续下来的形容城市更新的专有名词，等同于内地的"城市更新""旧城改造"。香港市区重建的定义依据 2011 年版的《市区重建策略》可理解为：为解决城市旧区衰败问题，改善居民生活环境，通过采取全面、综合的更新方式，通过重建发展（Redevelopment）、楼宇复修（Rehabilitation）、文物保育（Rreservation）和旧区活化（Revitalization）四项策略（4Rs），保持地方及历史特色的同时实现旧区面貌改变，推动市区可持续发展[96]。

内地城市特别是吸引了大量就业人口的大城市，城市空间也出现了纵向垂直发展的趋势，人口密度越来越高。经过 30 多年的高速建设，内地城市也随之面临高密度旧区更新的问题，例如深圳城中村改造。香港当下旧区更新的困境很可能就是今后内地城市所需要面对的，加之香港地区公有制的土地制度以及传统文化溯源均与内地相似，因此，将香港作为高密度城市更新的典型进行研究，有望为内地特别是对高密度老城区的更新形成一定的启发。

2.1 香港市区重建的基本环境

城市更新是一项涉及经济发展和社会文化的复杂活动，因此，要探究香港市区重建机制首先需要对香港的自然地理条件、社会经济文化环境和城市建设背景进行梳理。自 1843 年开埠以来，受英国资本主义经济制度和西方社会文化的影响，东西方文化在这里碰撞交流，香港形成了独具特色的经济和社会环境。在各种现实因素的多重作用下，也形成了香港特色的市区重建机制。

2.1.1 自然地理环境

2.1.1.1 山多、地少、用地紧张

香港位于中国大陆的南端，三面环海，海港资源丰富，属于典型的亚热带气候环境。香港全境土地面积为 $1106km^2$，包括香港岛、九龙半岛和新界三个组成部分。

香港拥有典型的滨海丘陵地貌，地理环境的特点之一就是山地多而平原少，约有 20% 无法进行建设开发活动的陡峭斜坡（斜度 ≥ 30°），平原的面积仅占 20%~25%。香港土地开发的限制条件较多。以生态限制为例，香港大面积的生态功能区禁止进行开发建设，据调查香港郊野公园、海岸保护区以及法定图则划定的自然保育区的面积达 $543km^2$，占全港面积的近 50%。

由于土地开发的种种限制条件，香港适宜建设的土地面积少，且可增加的建设用地面积严重不足，香港极少量的新增建设用地在一定程度上影响了

经济的发展。近年来，香港几乎所有商业及工业处所都出现租金持续上涨和空置率下降的情况，这表明可用于支柱产业和新兴产业的发展空间不足。香港未来的发展在不能依靠新增建设用地的情况下，势必将拓展空间的眼光转向对老旧建成区的更新和改造，通过市区重建的途径满足城市建设的需要。

2.1.1.2 人口高度密集

2020 年，香港的人口数量为 742.8 万人[97]，并且在未来将保持持续增长的态势，预计到 2043 年将达到 822 万人[98]。由于可建设用地匮乏，大量的人口聚集在少量的土地上，香港成为世界上人口密度最高的城市之一。香港人均居住面积少于 17m^2，而内地城镇人均住房面积约为 33m^2，是香港的近 2 倍。

由于历史发展原因，虽然新界经过 40 年的新市镇建设缓解了部分人口压力，但是仍有大量人口居住在香港岛和九龙地区。通过有关数据分析，香港岛和九龙虽然土地面积占据的比例小，但是却聚集着大量的人口，人口密度极高（图 2-1）。因此，香港岛和九龙地区的人均居住面积更加局促，人地矛盾更为突出。

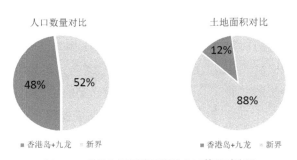

图 2-1 香港各区用地面积及人口数量对比图

2.1.2 经济环境和社会文化

2.1.2.1 自由开放的市场经济环境

到 2016 年，香港被传统基金会连续 23 年评为世界上最自由的经济体。香港自由的市场环境与英国长达 150 年的殖民统治相关，在西方资本主义的影响下，香港形成了自由开放的市场经济体制。英国通常在其殖民地推行自由经济政策，目的是将殖民地变成原料的供应地和产品的倾销地[99]。香港作为英国、印度和中国的贸易链上的重要一环，早期港英政府为了减少经济负担，采取"自由放任"的经济管理思想——政府对经济不进行干预而是通过市场的供求关系和竞争机制来实现资源的有效配置。在资本主义自由放任的思想下，政府在基础设施建设和公共服务提供方面相当依赖私人资本，政府通过成立半公半私性质的机构与私人资本展开合作。这些机构能够弹性地应付市场变迁需求，提高政府办事效率的同时节约成本[100]。

二战后，香港经济进入高速发展阶段，面临日益多元化的经济结构和复杂的国际形势，单纯依靠自由经济难以协调市场和解决垄断问题。由此，港英政府在20世纪80年代开始推行"积极不干预"的经济政策——在特殊形势时，政府经过权衡和仔细考虑将会采取一定的干预行动。例如这一时期政府投资兴建大量的公屋以稳定房产市场，打破大地产商的垄断，促进房产市场的有效竞争。

自由开放的市场经济下，政府通过半公半私的机构和适时有效的干预措施来调节市场，这是后期政府参与并干预市区重建活动的经济背景，同时也是更新机制建立的主要依据。

2.1.2.2 强化民主和本土意识的社会文化环境

英国占领香港的初期采取种族隔离政策，排挤和压迫华人以保持自身绝对的统治地位和权益，通过殖民建筑、文化奴役等方式彰显英国的主国权威。随着二战战后经济的发展，华人成为经济建设活动的主力，经济地位的提升带来了政治地位的上升，开始拥有参政议政的民主权利[101]。尤其是经过20世纪60年代的罢工和暴动，港英政府开始淡化殖民文化，通过淡化殖民标志来减少统治阶级与其他各阶层的矛盾。

随着战后香港居民组成的多元化，香港成为一个各种文化交织的高度国际化城市，中国传统文化和英国殖民文化同时被淡化。由此，香港在各种文化的交融和碰撞中形成了独具特色的香港本土文化——少论政治，进取务实，讲求秩序和效率，注重民主意识和公平公正[102]。

强化本土意识而淡化殖民标志使得香港在城市更新的初期对于历史文物的保护并非十分刻意，而是以城市发展建设的需求为主。在1971年通过的《古物及古迹条例》明确指出：香港社会对未来需求的专注多于对过去印记的保留，香港的城市发展项目不会因保护无关紧要的古迹而受到阻碍 [99]。香港在二战后大量经济建设的初期拆除了不少富有特色的历史建筑，比如位于中环的旧邮政总局等，造成了城市历史文化遗产不可逆转的破坏。随着"集体记忆"在香港的关注度不断增加，越来越多的居民意识到城市历史文物的重要价值。老天星码头的拆除引发了公众保卫历史建筑的抗拆事件。历史建筑遭到破坏激发了香港民众特别是青年人保护城市历史文化的意识，香港市区重建由此也加重了对历史文物保育的关注。

2.1.3 土地所有制度和城市建设管理

2.1.3.1 政府所有的土地制度环境

香港自 1843 年开埠以来就确立了土地所有权归政府所有，私人通过公开竞争，包含投标和拍卖等方式获得有期限的土地使用权的土地制度 [103]。香港的土地租期虽然经过了一些调整和变化，但土地归政府所有的土地公有制度一直保持至今。土地使用权出售是香港特区政府的主要经济收入之一。

香港的土地制度与内地类似，政府掌握土地的所有权并通过拍卖批租的方式进行开发建设，公有制的土地所有制度使得地价不完全受市场的掌握。香港特区政府在向非政府组织授予土地开发权时可以通过谈判而非拍卖的形式进行，利用名义地价和下调地价的方式给予一定的奖励。政府虽然不直接参与香港市区重建活动，但是可以在土地权利的回收和授权过程中采取相应的调控措施。

土地权利转让方面，香港特区政府为了鼓励私人开发商开展重建项目，在 1998 年出台了《土地（为重新发展而强制售卖）条例》。该条例规定了私人开发商在拥有目标地盘不低于 90% 的不分割业权时，可以向土地审裁处申请强制售卖令。强制售卖条例的出台也是在立法层面推动市区重建的重要举措。

2.1.3.2 法治化的城市建设管理体系

香港的城市建设受到多项法例共同管理，涉及土地开发、建筑控制和文物保护等方面。香港的城市规划对于城市建设的管理主要在于土地功能的划分和管控，城市三维空间和建筑设计的管理则由建筑物的相关法例进行指导和管控。

城市平面功能的划分主要依据《城市规划条例》和法定图则。法定图则中的分区计划大纲图对各分区内的土地用途和道路系统划分进行了明确规定，并列明了地块通常允许的功能和须取得城规会许可的土地功能。

城市三维空间建设的主要依据有《建筑物条例》《建筑物（规划）规例》和《建筑物管理条例》。建筑物的上盖面积、地积比率（同内地所称的"容积率"）、高度等在《建筑物（规划）规例》中有明确的规定，建筑物设计和建设过程需要严格遵守。《建筑物（规划）规例》经过几次修订，部分修订的内容对香港目前的市区重建产生了关键影响。政府在1955年对《建筑物条例》进行了修订，以应对战后人口的激增带来的对住房的大量需求，此次修订将规范改为控制建筑体积，以鼓励兴建高层和高密度的住宅楼宇。1956年6月，《建筑物（规划）规例》出台，1962年修订时，首次引入了地积比率和建筑楼面面积的限制，规定私人住宅楼宇最大容许的地积比只可为地盘面积的8~10倍（视临街的情况而定），以取代之前控制建筑体积的方法，这一修订内容自1966年全面执行并沿用至今。

由于香港的城市建设活动均是依法进行，法律条例的修订会引发香港城市形态的变化，而前后不一致的法令内容也给香港城市更新制造了一些困境，后文会作详细论述。

2.2 香港市区重建的驱动因素分析

2.2.1 香港高密度环境的形成

香港当前的高密度城市建成环境是在土地供应不足和人口数量庞大的双重作用下产生的。通过进一步分析导致香港土地供应不足和人口数量庞大的原因，可以总结出香港高密度环境的形成因素。

2.2.1.1 香港土地供应不足的原因

造成香港土地供应不足的原因主要来源于土地资源的客观条件、生态功能区保护以及历史遗留问题。

1. 陆地可建设面积有限

香港当前已建设土地面积约为$268km^2$，仅占全港土地面积的24%，若把规划发展地区和正在进行规划研究的地区计算在内，也仅能增加4%的可建设用地，可继续拓展和建设的土地不足。

2. 地势坡度大，适宜建设的用地不足

香港山地多而坡度大，适宜建设的用地不足。正因如此，香港自开埠后便展开了填海工程，1842 年在英国占领香港之初就进行了第一次填海工程。截至 2017 年，香港填海土地面积约 68km²，占总面积的 6%，其上容纳了香港 27% 的居住人口。受到山地多、岛屿多的地理因素影响，香港实际适宜建设的平缓土地十分有限。

3. 生态功能区和郊野公园管控严格

香港郊野公园及特别地区的面积占总面积的近 40%。香港在 1976 年出台的《郊野公园管理条例》在法律层面为郊野公园的管理提供了支持，规定不可随意进行土地建设及开发活动。香港特区政府在 2014 年曾经提出过开发位于大屿山的一片郊野公园，但是引发了公众的广泛争议和环保组织的强烈抗议，最终导致计划搁浅。由此可见，香港郊野公园的范围重新划定及开发计划面临很大争议，郊野公园等生态功能用地几乎不能成为香港开发建设的土地来源。

4. 新界土地所有权的历史遗留问题

新界土地征收周期长且阻力大。由于新界的土地制度与九龙半岛和香港岛有所不同，加之丁屋及分散农地占据了新界大部分相对易于开发的平坦土地，香港特区政府在新界土地的征收上一直困难重重。

2.2.1.2　香港人口数量庞大的原因

造成香港人口数量庞大的原因主要包括受到内地局势变迁影响和香港自身经济发展的影响。

1. 内地逃荒人口大批涌入香港

开埠以来，内地城市特别是广东的移民源源不断地涌入香港，历史上香港经历过几次人口数量激增阶段：二战后，大批香港居民返港，最初香港每月增加近 10 万人口；1945 年，内地民众以及部分商人为躲避战乱开始大量涌入香港，1950 年人口比 1945 年激增近 4 倍；此后内地的"大跃进""文革"时期以及改革开放初期都有大量人口自广东到达香港。历史上，香港充当了内地这艘巨轮的疏散小艇角色，每当内地政治和经济局势发生变动，便会有大量人口涌入，这给香港带来了持续的人口增长压力。

2. 香港经济繁荣时期吸引大量劳动力

香港自开埠以来就形成了自由港的经济环境，引来了大量国外移民，同时吸引了大量来自广东的华人劳工。二战后，香港经济上高度繁荣，实现了由转口贸易向制造业的转型。以轻工业为重点的新发展趋势是本地华人企业家和大量涌入的内地企业家率先引领的，经济上的转型也带来了大量来自于内地的廉价劳动力。

2.2.2 高密度城市旧区的空间特征

受开埠历史进程的影响，香港岛和九龙地区是香港发展较早的地区，其人口密度和建设量也远高于新界地区，人地矛盾更为突出。通过对香港 18 个议会分区的人口密度进行比较（图 2-2），可以看出九龙地区的 5 个区，香港岛的东区、中西区及湾仔区，新界的葵青区是香港人口集中分布的几个地区，人口密度高，土地紧缺的问题尤为明显。

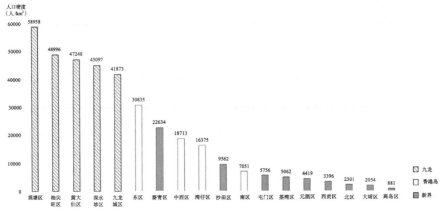

图 2-2　香港议会分区的人口密度图

进一步分析这些高密度区域的建成区环境，重点分析楼龄超过 50 年的楼宇数量的分布情况（图 2-3），可以看出九龙城区、油尖旺区、中西区、湾仔区以及深水埗区是香港不仅人口密度大且城市建成环境老化情况较为突出的

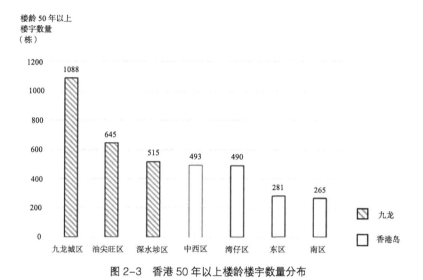

图 2-3　香港 50 年以上楼龄楼宇数量分布

5 个片区。尤其是九龙城区，人口密度高达 41873 人 /km²，楼龄 50 年以上楼宇 1088 幢，是香港老旧楼宇数量最多的区域。

通过梳理这些区域的基本情况，结合香港市建局和规划署的访谈内容，可以总结出香港高密度老城区的三点突出特征。

1. 容积率达发展上限，旧区发展潜力不足

香港的城市建设活动均是依法进行的，法律条令的修订直接影响到城市建设活动。20 世纪 50 年代中期到 60 年代末的楼宇依照法例建设的地积比超过了现行法例的要求，现行《建筑物（规划）规例》对地积比的规定自 1966 年全面沿用至今。因此，香港高密度旧区的容积率已经达到发展上限，甚至超出了现行的规定。

2. 业权组成复杂，居住环境差，人口密度大

在地少人稠的现实条件下，香港旧区内的人均居住面积十分紧张，单栋楼宇内所居住的人口数量大，户数多，业权构成复杂。破旧的楼宇和狭小的空间使得这些老旧楼宇的居住环境十分恶劣。据香港特区政府 2015 年《香港分间楼宇单位的住屋状况》的统计调查显示，全港楼龄 25 年及以上的楼宇中居住了共约 87600 个住户，超过四分之三的住户居住单位的面积不足

13m$^{2[98]}$。据统计，香港老旧楼宇中有 20% 以上的人口生活环境非常恶劣，有些甚至缺乏基本的卫生设施。例如一幢旧楼中不到 50m^2 的空间，被隔成十多间板间房或是"笼屋"（图 2-4）。

(a) (b) (c)

图 2-4 香港高密度旧区居住环境恶劣

(a)"笼屋"；(b) 空间拥挤；(c) 卫生条件差

3. 失修楼宇比例大，分布集中，老化速度快

香港高密度老城区的楼宇失修的问题突出。据统计，目前香港楼龄超过 50 年的楼宇中有三分之一属于失修或者严重失修的状态，并且这些高密度楼宇仍在高速老化。据统计，2015 年香港楼龄超过 50 年的楼宇有 9700 栋，这一数字到 2030 年将会增加近一倍，达到 1.7 万栋。快速老化的楼宇带来严重的安全隐患，威胁到公众的生命和财产安全。如 2010 年 1 月，土瓜湾马头围一幢楼龄超过 50 年的旧楼倒塌，造成居民 4 死 2 伤。

2.2.3 高密度背景下市区重建的主要挑战

香港高密度老城区的三个特点直接导致了高密度市区重建面临两大主要挑战：第一，市场自发进行市区重建项目的动力不足；第二，重建进展缓慢，难以应对集中快速的老化态势。

1. 市场自发开展高密度重建项目的动力不足

香港高密度城市旧区的容积率发展潜力不足和业权构成复杂的特征，直接导致了高密度环境下市区重建的盈利空间小而经济风险高。这使得以盈利为目的的私人开发商对于高密度重建项目的兴趣不足，引发了市场自发进行高密度市区重建动力不足的挑战。

　　高密度旧区更新盈利空间小的根源来自于容积率已达发展上限。高密度旧区重建后的建筑若符合现行规定，可能会出现零增益，甚至少于重建前老楼面积的问题，直接导致高密度旧区在重建时的收购投入高而产出利润低。目前，香港盈利空间大、重建较为容易的低层低密度旧区几乎已经更新完毕，负责这些项目的基本是以经济利益为首的私人开发商。私人开发商自 20 世纪 90 年代在市区重建活动中的参与度呈连续下降趋势，1989 年以重建形式建设的居住单元超过 2 万个，这一数据到 1997 年下滑到少于 5000 个。特别是经历了 1998 年亚洲金融危机和房地产市场崩溃后，私人开发商为规避风险减少了重建项目。由此可见，以盈利为目的的开发商对于回报率低的高密度旧区重建动力严重不足。

　　高密度旧区更新的经济风险高，这主要源于老旧楼宇的业权组成复杂，收购难度大。由于业权分散的旧楼中居住的大部分是低收入人群，对于他们而言房屋的业权是其一生中最贵重的资产，大部分业主十分关注收购的补偿金额。开发商与各个业主谈判赔偿的时间周期长，进而会延误项目进度，增加财务的投资风险。因此，对于风险承担能力有限的私人开发商而言，他们往往会规避收购难度大、涉及业主多的项目，而选择一些单栋楼宇进行重建，不涉及大面积的旧区更新。然而，单独楼宇的重建不仅不能改善整体的旧区环境，还会带来大量的"铅笔楼"和"牙签楼"的问题。

　　通过以上分析可以看出，香港的高密度城市旧区在更新时面临经济风险高、实施难度大的困境。因此，单独依靠市场调节无法解决香港城市老化的问题，更新工作不能完全依赖市场。

　　2. 重建进展缓慢，难以应对高密度城区集中快速的老化态势

　　香港高密度城市旧区集中快速老化的特征使得当前的拆除重建速度无法追赶城市衰败的速度，加之土地紧缺难以安置受影响的居民。这引发了依靠拆除重建的更新方式无法应对高密度城市旧区快速老化态势的挑战。

　　产生这一困境的原因主要是 20 世纪 50—60 年代香港进行了大量的住宅楼宇建设活动，而香港的建筑物规范要求楼宇的设计使用年限为 50 年，因此，该时期兴建的楼宇在未得到妥善维修的情况下将在近 20 年内集中成为危楼。

老旧楼宇数量激增，然而重建项目进展缓慢，按照香港法定机构的重建速度推算，2001—2016年香港平均每年重建的失修楼宇不足150幢，远远无法追赶市区楼宇老化的速度——每年平均新增楼龄50年楼宇近500幢。项目周期过长是重建项目进展缓慢的主要原因：从前期收购到后期新楼宇落成最快也要5~6年，遇到收购困难的项目仅收购周期就可能长达10年之久。

重建项目在进行中所面临的另一个突出问题是受拆迁影响的居民安置问题，当前香港的土地供应能力无法安置全部的受影响居民。香港的现实条件之一就是可新增的建设用地极度匮乏，而安置拆迁居民对于紧张的土地供应而言无疑是雪上加霜。依照香港2011—2015年的公私重建规模和速度推算，受重建影响而新增的房屋需求每年约为4200个单位，从香港长远的土地供应能力来看安置受影响居民的土地供应缺口约为1200hm^2[104]。

通过以上分析可以看出，香港旧区拆除重建的方式难以改善市区快速老化的现状，同时还会带来土地供给的矛盾，拆除重建的更新方式难以应对市区老化的问题，香港高密度旧区更新不能单独依靠重建。

2.3 香港市区重建的发展历程

2.3.1 市场自发更新时期（二战后至1987年）

20世纪50年代前，香港政府对于旧区的更新和改造活动极少介入，对于市区重建的态度基本为放任自流，在市场主导的环境下由私人开发商主动寻找更新项目进行拆建。20世纪60年代开始，政府意识到香港老旧城区的环境不断恶化，开始试图通过一些专项措施来改善旧区的物质环境。但是由于这些举措属于临时性质的，在政策和制度方面缺乏有效的支持和保障机制，带来了实施和管理上的诸多问题。加之这些计划项目的规模十分有限，对于改善旧区环境的成效甚微。20世纪70年代，香港政府把新市镇建设作为城市开发的重点内容，市区重建并未在战略层面受到足够的重视。

在自发更新时期，私人开发商开展的市区重建项目几乎已经将低密度的旧区更新完毕，但是在经济和运作上面临重重困难的老旧城区并未得到更新和改善。这一时期，私人开发商是更新的主要力量，市区重建活动基本由市场主导。

2.3.2　政府有限介入更新时期（1988—2000 年）

从 20 世纪 80 年代开始，香港许多建筑包括公屋的物质条件都开始恶化，完全依靠市场调节机制难以应对香港市区老化的问题，必须通过政府介入来防止城市建成环境的进一步老化。因此，1988 年政府成立了专职负责市区重建工作的独立法定部门——土地发展公司（以下简称"土发公司"），来推动香港旧区更新的进程。土发公司的成立标志着香港政府开始有限地正式介入市区重建活动。

土发公司虽然是半私半公性质的法定机构，但是其运行机制完全依靠市场准则，政府并未在财政上给予土发公司有力的支持，仅在其成立初期提供了少量的贷款。土发公司为了保证可以长期运行下去，在开展业务时首先顾及其自身的财务收支平衡，这也就导致土发公司的运作模式与一般的私人开发商的商业运作模式别无二致——寻找有开发潜力的市区重建项目，而非为解决高密度旧区问题开展重建项目。

截止到市区重建局成立前，土发公司共开展 26 个项目，其中完成的 16 个项目有 80.5% 的建筑面积属于有盈利空间的商业或办公楼，仅有 19.5% 的面积作为居住空间、公共设施和社区休闲的公共用途[62]。由此可见，土发公司的市区重建方式以经济上是否可行作为首要考虑的因素，在推动旧区环境改善中，与一般私人开发商相比并未作出突出的贡献。在土发公司运行的 12 年间仅完成了 1991 年都会区规划所划定的 639hm² 待更新面积的 0.44%，未达到改善旧区问题的成立初衷，受到社会和政府的广泛批评[62]。

在土发公司主导的更新阶段，香港政府已经意识到不能完全依靠市场来推进市区重建，开始有限度地介入重建活动。但是，由于政府缺乏明确的策略指导和政策支持，土发公司仍保持了商业化运作特征，带领旧区环境改善的作用不明显，政府仍需加大干预力度。

2.3.3　政府加大干预更新时期（2001 年至今）

由于私人开发商的重建项目数量不断下滑，而土发公司的更新活动广受质疑和批评，政府进一步认识到若要从根本上改善旧区面貌，提升市区重建的效率和效果，就必须加大公共部门的干预力度，从以下三方面入手进行改革：第一，政府须完善市区重建的政策和法例构架；第二，政府须提供充足资源，以保证受影响的业主和租户的赔偿安置与资金补偿；第三，政府须提供公众参与渠道以保证获得社区支持。由此，香港特区政府开展了以下具体行动：2000 年 6 月，《市区重建局条例》获得批准；2001 年 5 月，市区重建局（以下简称"市建局"）正式成立以代替土发公司，政府要求其在 20 年之间完成 225 个重建项目；2001 年 11 月，政府发表《市区重建策略》作为市建局的行动指引来推动市区重建。

市建局的成立标志着香港的市区重建活动进入到政府背景的法定机构主导阶段。对比土发公司时期与市建局时期，政府强化了自身在市区重建活动中的责任。首先，在顶层设计上，香港特区政府专门出台了指引更新活动的《市区重建策略》；其次，政府加大在财政上的支持，为市建局提供了 100 亿港元的启动资金，并出台地价减免的优惠措施；第三，政府在规划、收购和公众参与等环节作出了相应安排（表 2-1）。

土发公司时期与市建局时期香港市区重建策略比较　　表 2-1

	土发公司时期	市建局时期
指导纲领	无	《市区重建策略》
公众问责制	土发公司无需向立法会负责，负责人未被要求到立法会进行公开问答	市建局需向立法会负责，其负责人被要求到立法会进行公开问答
财政支持	政府提供 3100 万港币贷款作为启动资金（需归还）； 无豁免地价的权利； 无豁免相关税费	政府注资 100 亿港币作为滚动资金（市建局账面不低于 100 亿港币即可）； 豁免地价的权利； 豁免相关税费
审批程序	土发公司的重建项目需逐个向政府提交审批； 项目的细节不进行公布	市建局以《五年业务纲领》和《年度业务计划》的形式一次性向财政司提交审批； 项目细节进行公布，并组织公开展览
收购赔偿	以同区域"10 年楼龄"住宅的市场价作为赔偿价格的基准； 对租客无特殊安置补偿	以同区域"7 年楼龄"住宅的市场价作为赔偿价格的基准； 租客享有特殊安置补偿

续表

	土发公司时期	市建局时期
社区联系与 公众参与	缺乏对社会因素的考虑; 缺乏公众参与措施	分两个阶段开展社会影响评估; 开展"需求主导重建计划",公众对发展项目可提出反对和上诉; 成立分区咨询委员会和市区重建社区服务队,反映区域及社区居民的关注、期望及意见

来源:Zhang G. Governing Urban Regeneration: A Comparative Study of Hong Kong, Singapore and Taipei [D]. Hong Kong: Hong Kong University, 2004: 67-68.

从以上转变可以看出,在香港市区重建保持市场经济的前提下,政府已加大干预更新的力度并全面介入更新活动。从顶层策略制定到资金支持政策等各方面,政府在更新活动的指导上有了明确的方案和措施,并在实践中不断调整策略继而推出新的方针计划。从市建局成立至今,旧区更新得到政府和公众的广泛关注,并上升成为香港城市发展的热点和重点内容。

市建局负责实施的重建项目及复修项目在空间分布上与香港高密度旧区的空间分布情况基本一致(图2-5)。由此可见,市建局工作的重点区域在于更新具有一定难度的高密度旧区,并通过重建发展和楼宇复修这两种主要方式来解决高密度旧区的老化问题。

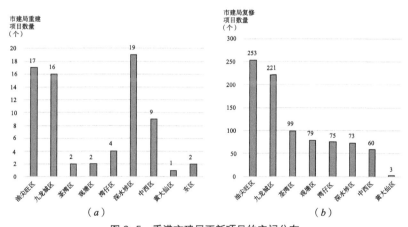

图2-5 香港市建局更新项目的空间分布
(a)市建局重建项目空间分布;(b)市建局复修项目空间分布

2.4　香港市区重建的特征

政府介入干预后，香港旧区更新工作不断推进，同时政府逐渐意识到单单依靠重建发展已无法跟上城市的老化速度，不仅不足以应对旧区环境问题，还会带来难以安置受影响居民的新问题。正如市区重建局前非执行董事何海明先生在其文章中所述："从宏观角度来看，重建为主导的更新策略不足以解决问题，其可持续性亦受质疑"[104]。

由此，香港市区重建的内涵由 20 世纪 80 年代的只关注拆除重建，演变为 2011 年新版《市区重建策略》明确指出的通过全面综合的方式进行市区重建。市建局以《市区重建策略》的要求为依据确立了"4R"的业务策略。4R 具体是指重建发展（Redevelopment）、楼宇复修（Rehabilitation）、文物保育（Reservation）和旧区活化（Revitalization）[96]。本书依据市建局在更新中的实施情况，将香港市区重建划分为三种主要方式：重建发展、楼宇复修和保育活化。结合市建局成立后开展三类更新项目的数量（表 2-2），总结出三种更新方法在香港市区重建活动中的比重关系：以重建发展为更新的核心，以楼宇复修为更新的重点，以保育活化为配合。

市建局三种更新方式的开展数量（统计截至 2021 年 6 月）　　表 2-2

更新方式	重建发展	楼宇复修	保育活化
涉及楼宇数量（幢）	1543	4500	78
项目数量（个）	72	—	—

以香港最早开发的地区之一湾仔为例，湾仔的旧区从前文的分析可知，具有一定的高密度旧区的特点，在此区域进行更新时采取了综合更新的手法（图 2-6），后文会以湾仔的利东街重建项目和庄士敦道的和昌大押保育作为典型案例进行详细分析。从湾仔各类更新项目的分布情况可以看出：重建发展项目的地盘范围较为整体，项目影响范围大，对于高密度旧区区域环境提升效果显著；楼宇复修项目在三类更新方法中数量最多，且呈散点式分布；保育活化类项目多位于重建发展区域内，分布也呈散点状，在保育过程中规划设

计了历史文物径，形成了点线结合的保育方式。

图 2-6 湾仔各类更新项目分布情况

2.4.1 以重建发展为市区重建的核心

重建发展是指针对残破不堪的楼宇采取拆除重建的措施进行更新，以提升旧区居民的生活质量。一般选择楼龄高（楼龄超过 50 年）、失修状况严重、居民居住条件极其恶劣和面临严重的卫生、空气、噪声污染等环境问题的旧区楼宇进行拆除重建。

香港楼龄超过 50 年的楼宇中有近三分之一处于失修或严重失修的危楼状态，这些严重威胁到公众安全的楼宇只能通过拆除重建的方式完成更新。私人开发商和土发公司无法承担起香港高层危楼重建的责任，政府成立市建局的初衷就是重建经济效益低的高密度旧区，由此，决定了重建发展是市建局工作的核心内容。据统计，截止到 2021 年 6 月，由市区重建局落实执行的重建发展项目已达到 72 个，这些项目中重建涉及的失修楼宇共计 1543 幢，重建后可提供 24200 个新建住宅单位，项目惠及人口数量达 35000 人（图 2-7）。

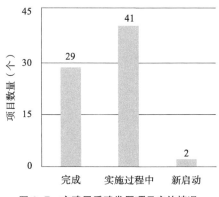

图 2-7　市建局重建发展项目实施情况

此外，市建局虽然不同于商业运作气息浓厚的土发公司，但是其仍需保持财政平衡。而重建发展是唯一能为市建局带来盈利的更新方式，市建局为了维持自身运作，并且保证有能力推进亏本的重建项目和开展其他两种更新方式，就必然需要一定的盈利资金支持。市建局前财务委员会主席周光晖先生认为，将重建发展的财政收入投放到楼宇复修和保育活化的项目中是市建局的社会责任[105]。因此，市建局需要将重建发展作为其工作的核心，以实现长远自给的目标，同时保障资源能够用得其所。

2.4.2　以楼宇复修为市区重建的重点

楼宇复修是指业主通过管理和及时维修自己的物业以及公共空间、设施，改善老旧楼宇的物质环境。进行复修的目标楼宇一般位于新旧交错、富有地区特色的旧区内，楼宇的基础条件尚可，能通过维修工程解决楼宇失修的现状问题，延长楼宇使用年限。

如前文分析，虽然香港市区重建的核心内容是重建发展，但是由于香港现存老旧楼宇数量巨大，重建无法从根本上解决市区快速老化的问题。香港老化建筑数目较大，若每年以 200 幢楼宇的速度进行重建，每年仍会有超过450 幢的楼宇达到 50 年的楼龄，如果得到妥善的维修，房屋的使用年限将超出 50 年。

楼宇复修与重建发展相比，项目开展周期短、资源投入小，对于业主及社会产生的影响小，是减缓市区老化速度最为经济的手段[104]。旧楼翻新对于缓解重建压力的作用也十分突出，状况尚可的老旧楼宇若维修和保养及时，可以延长其使用寿命，有效延迟对其进行拆除重建。由此，楼宇复修与重建发展一并成为香港市区重建的主要更新方式，是市建局工作的重点内容。

在传统上，香港居民对于楼宇保养的观念较为淡薄，很多建筑没有业主立案法团或管理公司提供大厦的管理检验服务。市建局自 2004 年起推行了一系列支持业主进行维修的计划措施，鼓励业主自愿进行楼宇复修，以配合政府加强楼宇管理及维修的政策，并在旧区根植与推广保养和复修文化。据统计，截止到 2016 年 4 月，由市建局推出的各项复修计划共支援 2727 栋楼宇。楼宇复修综合支援计划的范围已于 2015 年 7 月推广至全港。

2.4.3　以保育活化为市区重建的辅助手段

近年来，随着公众保育意识的不断加强，香港出现了一些保卫历史建筑抗拆的冲突。为了照顾公众集体的情绪，政府在市区重建中引入了保育活化的更新方法。目前，香港选择进行保育的一般是法定古迹和已经评级的历史建筑，对于一般富有地区特色和历史文化的建筑会根据区域居民的诉求和更新项目的现实情况采取一定的保育措施。

香港历史建筑数量众多，在文物保育上的责任划分明确。根据历史建筑的业权所属不同，有三种保育途径[76]：第一种，政府所有的历史建筑一般通过参与"活化历史建筑伙伴计划"进行保育；第二种，对私人所有的历史建筑政府给予一定的修缮津贴以鼓励个人主动进行保育；第三种，位于重建区域内的历史建筑由市建局回收产权后进行保育活化（图 2-8）。在文物保育专员办事处推出"活化历史建筑伙伴计划"前，市建局开展过一些独立的保育活化项目。随着香港保育活动的分工不断明确，市建局开展的保育活化项目基本是配合旧区整体的重建和复修展开的。据统计，截止到 2016 年 4 月，市建局在保育活化工作中共投资 20 亿港币，重建范围内共有 25 幢历史建筑予以保留，并通过引入新产业和新功能达到历史建筑重生的目标。本书所研究的保育活化是上文提到的第三种——位于重建项目范围内、由市建局负责开展的保育活化活动。

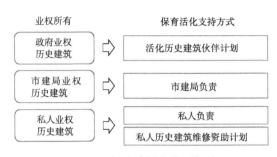

图 2-8　香港保育活化的三种途径

　　当前，市建局的首要任务仍是通过重建或复修的方式处理香港的破旧楼宇，改善旧区物质环境。财政收入投放到保育活化工作上是市建局的责任，但市建局同时要兼顾其财务长远自给的目标，在发展与保育之间谋求平衡。因此，重建区的保育活化是为了配合整体更新工作而开展的，虽然十分重要，但不是市建局工作的主要内容，而是香港市区重建的辅助手段。

第3章 香港市区重建的治理结构研究

从上一章的分析可以看出在高密度背景所引发的更新困境下，香港特区政府在市区重建中的参与度不断增强，市区重建局的成立是香港市区重建机制变迁的重要转折点。然而，市建局并不是唯一参与到香港市区重建的主体，还有政府公共部门、居民群体、营利部门以及其他法定机构的共同参与。

由于重建发展、楼宇复修和保育活化三类更新方法的复杂程度和实施难度不同，相同的参与主体在不同的更新方法中扮演的角色也不尽相同，需要分别讨论三种更新方法中参与主体的主要功能。参与主体扮演的角色决定了三种更新方法各自的组织方式，组织方式的具体表现形式是操作流程。因此，本章重点探讨在高密度背景影响下香港市区重建的治理结构，也就是参与主体构成及其角色、组织方式和操作流程。

3.1 参与主体及其角色构成

在香港市区重建是一个复杂且漫长的过程，高密度旧区加剧了这种复杂性，因此，需要多方参与主体间的协调与配合。香港市区重建的参与主体主要有政府部门、法定机构、居民群体和开发商，各参与主体的更新诉求有所不同（表3-1）。

市区重建参与主体的具体部门／功能   表 3-1

参与方	具体部门／功能
政策导向主体	行政长官、财政司司长、发展局局长
行政管理主体	发展局
执行主体	发展局下属公共部门、市建局

参与方	具体部门 / 功能
营利部门角色	提供资金资源；项目合作伙伴
社区公众角色	"反对上诉"权利；有限参与项目计划及规划

3.1.1 政府部门的主导

香港的政府部门参与市区重建的基本动力源自于高密度城市旧区老化带来的日益突出的社会和城市问题。政府期望通过行政手段来激发高密度市区重建的发展潜力，提高市区重建效率，改善城市建成环境，解决市场调节无法应对的由高密度带来的更新困境。

政府介入更新可以分为直接参与和间接影响两个层面。直接参与的主要表现为在政策层面提出《市区重建策略》作为香港市区重建的基本依据，间接影响的主要表现为监督和协助更新执行机构的策略制定和工作开展。具体而言，政府参与市区重建的部门可划分为政策决议和政策执行两个层面（图 3-1）。各级政府部门之间合理分工、高效配合。

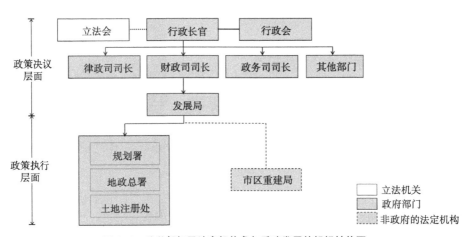

图 3-1　公共部门及法定机构参与重建发展的组织结构图

参与政策决议层面的主要有行政长官、财政司司长和发展局局长。行政长官具有行政人员及市建局董事会成员的委任权力，并掌握重建发展的政策制定的方向；财政司负责审议和批准由市建局递交的重建业务的纲领及计划，作为重建项目开展的计划依据；发展局负责制定并通过指导重建工作的总纲领——《市区重建策略》，为市建局在制定业务纲领和计划时提供指导，同时发展局还具有授权和终止重建项目进行的决定权。

参与政策执行层面的主要是负责市区重建具体工作的市建局以及发展局下属的公共部门，例如规划署、地政总署、土地注册处等。发展局下属的公共部门负责项目的具体落实工作，规划署负责协助制定更新计划图，地政总署负责重建发展项目土地的批出和征收，土地注册处负责重建发展土地的文书注册。

通过各级政府部门在市区重建中的主要工作内容可以看出，政府公共部门与市区重建的主体执行机构市建局形成了稳定的合作关系：决策层面的公共部门为市建局的发展方向提供指引，执行层面的政府部门为市建局提供技术和服务支持（图 3-2）。

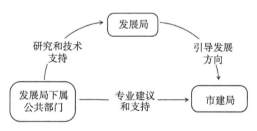

图 3-2　政府部门与市建局的协作关系

3.1.2　法定机构的实施执行

香港直接参与更新的法定机构主要有市区重建局、市区更新地区咨询平台、城市规划委员会和房屋协会等。这些法定机构虽然不是政府部门，但是拥有深厚的政府背景。因此，它们参与市区重建的主要目的与政府保持一致，即协助政府推进高密度、高难度的市区重建进展，改善旧区物质环境。这些法定机构是为政府灵活管控市区重建而成立的。

市区重建局对市区重建的影响最为直接，是最主要的执行机构。市建局具有清晰的工作目标，其成立的主要目的就是为了推进香港高密度市区重建的进展，主要瞄准市场不愿意参与、政府自身又无暇推动的高难度市区重建任务，其主要目标是"作出合适的财政和相关安排，推行财务上未必可行，但对整体社会及都市更新有裨益的项目"。

《市区重建局条例》是市建局成立的法律依据，其在法律层面明确规定了市区重建局的宗旨、性质以及组织结构等机构成立的基本内容，并通过财务计划安排、项目实施程序等具体安排，规范市建局开展市区重建工作。在机构性质方面，市建局不是政府的代理人，也不享有政府地位和特权，但是市建局具有向公众负责的义务，同时拥有运作公共资源的权利。在组织架构层面，市建局由董事会负责进行决策，董事会的成员全部由行政长官委任，包含非公职人员 21 人和公职人员 4 人（图 3-3）；在财务安排方面，市建局作为独立的法定机构，其资金运作独立，需要维持财政平衡，因此在非盈利的性质下允许适当的盈利行为，基本以商业运作的方式进行；在项目程序层面，对项目选定方式、公众参与过程以及规划审批流程都进行了详细列明，特别是强化了政府对市建局计划的指引把控，以及公众在重建过程中发表意愿的过程。

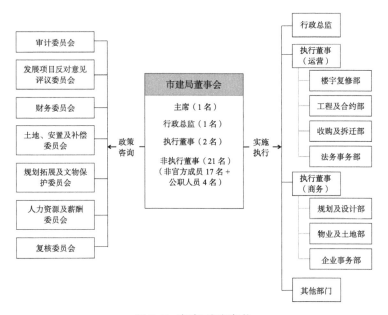

图 3-3　市建局组织架构

市建局的成立与土发公司相比，从其组织架构和运行管理中可以看出，主要变化表现在两个方面：第一，增加了政府对市建局的整体把控力度；第二，强化了公众在市建局工作中的意愿表达。

政府增加对市建局的把控主要表现在：首先，市建局以政府拟定的《市区重建策略》作为工作的总指导；其次，市建局的《五年业务纲领》和《下年财政计划》在制定过程中会向发展局咨询，然后提交财政司司长审批；再次，发展局有权干涉和不批准市建局提出的重建项目；最后，市建局的 4 位公职非执行董事分别是香港特区政府的屋宇署署长、地政总署署长、规划署署长和民政事务总署署长。强化公众意愿表达主要表现在：首先，项目前期阶段通过"需求主导"计划和两轮社会影响评估等具体措施，使得公众可以表达自身的重建意愿；其次，设置了完备的公众对市建局项目进行"反对上诉"的程序，通过正面居民异议缓解重建矛盾；最后，成立了服务公众的社区服务队。

3.1.3　居民群体和营利部门的直接参与

居民是市区重建目标楼宇的业权持有人，也是受更新影响最为直接的参与主体。人口密度极高的老旧楼宇中居住人群以低收入群体为主，特别包括大量的租客群体，由于经济能力有限，市区重建会给他们的生活和工作带来很大影响。尤其是重建发展这种会直接导致业主在收购中失去房屋的更新方法，使得租客被迫另寻其他住所。于居民而言，其长期以来的生活方式和生活环境也会因拆迁而发生改变。因此，在更新中若处理不好居民权益问题，必将引发居民的反对和抗议，增加市区重建的阻力。尤其对于香港业权复杂的高密度更新环境而言，居民的诉求变得更加难以调和。由此，香港特区政府意识到必须强化居民自主更新的意愿，最大限度满足居民对更新的诉求，保障居民权益，才能够缓解公众对更新的抵制情绪，从而推动市区重建的顺利进行。

营利部门是以盈利为目的参与到市区重建中来的。在低密度城市旧区更新中获利的私人开发商不愿涉足经济风险高的高密度市区重建项目，但是在市建局的协调下，收购清拆环节的风险由市建局承担，私人开发商一般以合作者的身份出现在市区重建活动的后期。对于重建发展项目而言营利部门参与后期建设，对于楼宇复修项目而言营利部门参与维修工程，对于保育活化项目而言营利部门是运营方。由于营利部门基本是在市区重建最后一个阶段通过资本或是技术注入来参与并获利的，其直接影响到市区重建后的效果，因此，需要公开透明的管理措施来监督他们的行为。

3.2 市区重建组织方式

重建发展、楼宇复修和保育活化中参与主体的角色定位有所不同，这导致了香港现存的这三种更新方法的组织方式也有所不同。重建发展中参与主体关系错综复杂，政府在强化介入后成为重建的主导力量，形成了以自上而下为主的组织方式；楼宇复修涉及的利益主体单一，在政府的引导下居民成为复修的主导力量，采取居民自组织的方式较为适合；更新区域内的保育活化项目数量较少，一般直接由市建局负责组织开展，形成简单的一元主导组织形式。

3.2.1 自上而下为主的重建发展组织方式

重建发展在香港市区重建的三类更新方法中处在核心位置，涉及的利益关系最为错综复杂，实施的难度最大。高密度引发的更新现实困境和难度决定了当前重建发展的组织方式是以政府为主导的自上而下式为主。在政府主导的情况下居民的主动参与程度不断提高，逐渐出现了居民表达重建需求和自发组织重建的自下而上的探索。

3.2.1.1 自上而下的组织方式

政府是重建发展项目的领导者和组织者，居民和私人开发商以参与者和合作者的身份参与到项目的实施落实中来。由此可见，重建发展以自上而下作为主要的组织方式（图3-4）。

1.重建发展的主导者是政府及市区重建局

如前文所述在旧区发展潜力严重不足的情况下，香港重建发展的难度已经到了市场无法调节的程度，政府需要主导高密度城市旧区的重建工作，并通过自己行政管理和资源调配的能力来推进重建发展项目。这决定了政府公

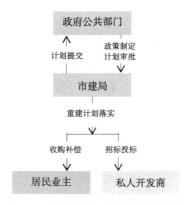

图 3-4　重建发展自上而下组织方式图

共部门在香港重建发展中占据主导地位，并通过成立政府背景的市区重建局
来具体负责重建项目的实施。由此可见，政府和市区重建局是香港高密度旧
区中重建项目进展的主导者。

2. 重建发展重要的意见参与者是居民群体

香港市区重建的主要目标之一是提高难度大的重建发展项目的实施效率。
若要实现这一目标，就要减小重建发展中的各种阻力，而重建发展的阻力主
要来源于居民的反对。在香港强化民主意愿的社会环境中，居民对重建发展
项目的抗议不仅是源于对拆迁补偿的不满意，也表现出社会对政府的一种不
信任的情绪。因此，在居民被动参与重建的抗议和反对不断的情况下，政府
就必须通过透明公开的手段使得居民群体的意愿顺利得到表达。这决定了香
港居民在重建发展中逐渐由被动参与转变为主动参与。居民的意愿和诉求影
响到重建主导力量的政策制定和决策执行，是重建项目重要的意见参与者。

3. 重建发展的经济合作者是私人开发商

重建发展的营利部门是私人开发商，在重建发展后期的土地招标投标及
工程建设中的参与度最高。私人开发商以盈利为目的的性质决定了其不会特
别关注旧区老化的社会问题和居民的根本利益，因而不能够成为重建发展的
主导方，事实也暴露了资本市场主导重建的不足。然而，私人开发商所拥有
的巨额资产可以作为市区重建活动的重要资金来源。因此，营利部门在重建
中被政府视为重要的合作伙伴，是重建项目经济方面的合作者。

3.2.1.2　自下而上的重建探索

为了提高居民在重建发展中的参与度和主动性，推进高密度环境下重建发展项目的落实，提升重建效率，香港重建发展中出现了自下而上开展项目的组织形式，分别是"需求主导重建计划"和居民自发组织两种形式。

1. "需求主导重建计划"

"需求主导重建计划"是指居民可以通过联合大部分业主的方式主动向市建局提出开展重建项目的申请，市建局对居民的申请进行筛选（图3-5）。为了保证需求主导型的项目后期可以顺利开展，同时保证新建项目为旧区带来更大的环境裨益，市建局提出了较为严格的申请条件，包括联合申请业主拥有的业权百分比、楼宇状况的核实、申请地盘的占地面积等。申请条件中对于申请业主来说难度最大的主要有两点：一是联合业权百分比要达到80%，这一要求与后期收购要求达到的业主同意的比例一致，保证了项目后期的顺利进行；二是申请地盘面积不得小于700m²，避免出现"牙签楼"的结构材料浪费和安全隐患，提升重建带来的规划和楼宇设计效益。这两个申请条件也是造成多数"需求申请"未能符合要求的主要原因。

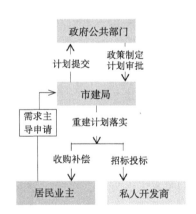

图3-5　"需求主导"重建计划的组织方式图

如表3-2所示，"需求主导重建计划"前四轮的申请数量呈递增趋势，表现出香港渴望通过重建改善生活条件的居民人数越来越多。然而，每轮申请经过筛选后入选年度业务计划的数量一般在 3 ~ 4 个，前四轮收到的 189 份需求申请中最终顺利落实的项目仅有 9 个，仅占全部申请数量的 5%，导致第五轮"需求主导重建计划"申请数量明显减少（表 3-2）。由于实施效果并未达到预期，市建局已经开始对"需求主导重建计划"进行检讨。由此可见，香港市区重建是一个不断完善和修正的过程。

需求主导重建计划开展情况表 表 3-2

需求主导重建计划轮数	申请时间	计划进行年度	申请数量（份）	入选业务计划数量（个）	顺利进行项目数量（个）
第一轮	2011 年 7 月—2011 年 10 月	2012/2013 年	25	3	3
第二轮	2012 年 6 月—2012 年 8 月	2013/2014 年	34	4	3
第三轮	2013 年 7 月—2013 年 9 月	2014/2015 年	53	4	3
第四轮	2015 年 7 月—2015 年 9 月	2016/2017 年	77	—	—
第五轮	2016 年 2 月—2016 年 5 月	2016/2017 年	19	—	—

"需求主导重建计划"可谓是在"自上而下"中"自下而上"的积极尝试，但就其目前的组织方式来看仍然是以政府主导重建作为基础展开的。在此阶段，居民虽然提出了重建意愿，但是项目是否开展的决定权仍然掌握在市建局和政府手中。

2. 居民自发组织重建形式

市建局作为"促进者"的居民自发重建方式是为了促进居民更加主动地参与重建，协助居民自发组织重建的尝试（图 3-6）。居民是项目的启动者，开发商是项目的实施者，项目实施过程中市建局不负责进行收购清拆，而是以促进者的身份协助居民联合业权出售给私人开发商。市建局自 2011 年推出协助进行自下而上组织重建的计划后，共收到项目申请 26 份。然而直到目前，成功开展的项目只有位于九龙城的狮子石道 1 个。由此可见，居民自组织开展重建的模式还未得到推广，促进措施有待改进。

香港在政府介入的重建发展中，不同组织方式下进行的项目数量以自上而下式的最多（图 3-7）。为了强化居民重建诉求表达，改善高密度住区居民

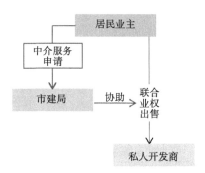

图 3-6　居民自发组织重建的组织方式图

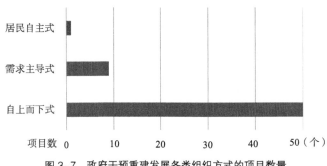

图 3-7　政府干预重建发展各类组织方式的项目数量

的生活环境，出现了自下而上的项目组织方式的探索。然而，由于居民自主组织重建时难以整合复杂的业权，缺乏来自市建局或者其他第三方机构更加具体和直接的指导，因此目前自下而上的重建项目组织方式实施效果并不理想。

3.2.2　居民自组织的楼宇复修组织方式

楼宇复修是在香港高密度的挑战下形成的特有更新方法，通过延长楼宇使用年限缓解旧区老化的速度，以较为温和的方式来改善高密度城市建成环境。楼宇复修的特点是参与主体关系简单、项目周期短、影响小，但是香港目前待修楼宇数量大，居民的维修意识薄弱。这样的特点决定了楼宇复修以居民自组织的方式进行：居民作为楼宇业主对大厦负有管理的责任，由此确定了居民作为楼宇复修主导者的地位；政府将为居民的维修工程提供一定的支援。

1. 复修的主导者是居民群体

进行楼宇维修的业权所有人是居民，并且经过维修后居民的业权所属关系不会发生变化。楼宇的业主应当承担及时管理和维修自己物业的责任，保持楼宇的物质状态良好。因此，居民在楼宇复修中应当作为项目的主导者，积极自主地开展楼宇复修活动。

2. 复修的促进者是政府及法定机构

尽管居民作为物业的所有人要承担主动维修楼宇的责任，但是楼宇复修涉及一系列较为专业的知识和技术，居民在进行自主维修时会面临一系列困难。因此，政府及具有政府背景的机构需要为居民提供一定的帮扶和支援，比如财政和技术的支持。此外，由于香港居民的维修意识薄弱，政府需要加强楼宇复修的宣传教育，推广复修文化，营造良好的复修环境。由此确定了政府及法定机构楼宇复修促进者的身份，协助和督促居民进行楼宇复修。

3. 复修的执行者是专业人士及承建商

被认可的专业人士和注册的工程承建商是楼宇复修的执行者，他们将直接影响到楼宇复修的最终效果。专业人士通过提供专业的技术咨询，以订明维修工程和制定工程标书的形式参与到复修的落实阶段，负责对楼宇进行检验以及监督承建商开展工程；工程承建商以建设施工的方式参与楼宇复修。

居民自发进行楼宇复修的过程中，注册成立业主立案法团是关键，这也是香港独特的楼宇组织管理方式。由于同一幢楼宇中涉及的业主数量众多，少则数十，多则几千，而大厦公共部分的维修需要协调所有业主进行。为了方便管理和决策，一栋楼宇在开展复修工程前，所有业主会通过成立业主立案法团的方法来统一负责楼宇复修工程。业主立案法团类似于股份公司，业主是公司的持股人，在法团的"股东大会"（业主大会）中行使投票权。对于大厦的维修而言，法团是管理大厦业主共有空间的总代表，负有妥善维修和管理大厦公共部分的法律责任。业主立案法团的一般管理工作由管理委员会（以下简称"管委会"）负责开展，管委会类似于股份公司的董事会，代表业主法团履行管理建筑物的职责。出任法团管委会委员的合适人选由大厦的业主投票决定（图 3-8）。

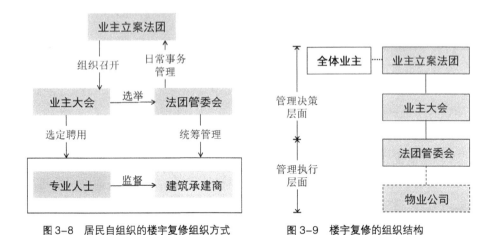

图 3-8 居民自组织的楼宇复修组织方式   图 3-9 楼宇复修的组织结构

由香港楼宇复修的组织方式可以看出，大厦居民实现了自主管理、主动实施复修活动。虽然法团的管委会是主要的管理方，但是为了保证所有业主行使监管权力，复修关键节点的决策均是通过召开业主大会决定的，例如对聘用的专业人士和工程承建商等的选定。政府不直接参与楼宇复修的组织和执行活动，而是通过政策制定来推动业主启动复修，通过市建局等机构的援助措施来协助业主复修。专业人士在楼宇复修的组织中至关重要，起到统筹执行和工程监管的作用（图 3-9）。

从以上分析可以看出，香港当前楼宇复修活动以居民成立业主立案法团、自发组织为主要的组织方式。这种组织方式能够很好地适应香港高容积率、老旧楼宇数量巨大的现实状况：以单栋大厦作为管理的最小单元，便于居民维修工程的组织。居民自组织进行的方式也使得楼宇复修活动在全港范围的推行成为可能，有效地延缓了旧区老化的速度，进而缓解高密度引发的重建发展压力。

3.2.3　一元主导的重建区保育活化组织方式

重建区保育活化的组织方式较为简单、直接，以市建局一元主导的方式进行（图 3-10）。采取这种方式的主要原因是重建区的保育活化较其他两种更新方式的工作量较少。据统计，香港目前法定古迹和评级历史建筑共计 1259

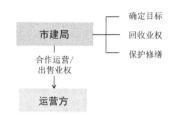

图 3-10　重建区保育活化组织方式

幢，其中位于市建局重建区域范围内的数量仅为 25 幢，占总数的不足 2%。

　　重建区保育活化项目由于属于重建项目的一部分，其进行方式与重建发展类似。首先，需要进行历史建筑的业权转让，而后再开展保育和活化工作。市建局以业主的身份直接为保育的目标建筑和街区提供资金和技术支持，成立收集专家意见的工作坊，并组织进行工程修缮。在保育活化后期为保育建筑植入新功能阶段，由市建局负责选择运营方式和运营方，运营方可以是非营利机构或私营机构。

　　1.重建区保育活化的主导者是政府及市建局

　　由于重建发展项目的主导者是政府及市建局，因此，对重建范围内保育建筑和街区的选定也是由政府决议确定的。市建局首先统一回收重建区域的业权，由此成为保育目标建筑的业主，而后以业主的身份对历史建筑进行保护式的修缮。由此可见，政府及市建局是保育的主导者。

　　2.重建区保育活化的运营者是营利部门

　　营利部门主要指的是历史建筑经工程修缮后引入新功能的运营方。他们通过提供资金的方式来购买业权，或是提供资源的方式来与市建局合作运营。由此可见，营利部门是保育活化的合作者。

　　在市建局一元主导保育活化的组织方式中，市区重建的重要参与主体——居民的意见表达较少，缺乏公众参与的保育活化组织方式引发了民众的一些抗议活动。特别是近年来香港出现了天星码头、皇后码头拆除事件，使得社会对于保育活化的关注度大增。市建局的士丹顿街 / 永利街重建项目（H19）始于 2003 年。位于重建区域内的永利街是电影《岁月神偷》的取景地，该影片在 2010 年夺得柏林影展奖项，使得永利街顿时成为香港市民的旅游热点，保留永利街的呼声不断壮大。最终导致对永利街业权收购过半的市建局在短短一个月内同意将永利街由重建区域改划为保育范围[107]（图 3-11）。

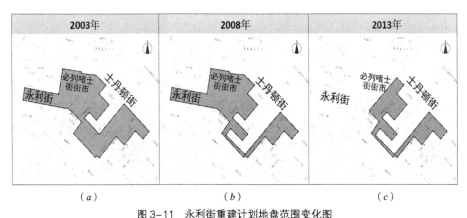

图 3-11　永利街重建计划地盘范围变化图
（a）2003 年重建地盘范围；（b）2008 年重建地盘范围；（c）2013 年重建地盘范围

　　在社会舆论压力下永利街转重建为保育虽然是公众反对的"胜利"，但是从长远来看确实也存在一定的问题。永利街作为热卖电影的拍摄地其保育价值究竟有多大？被打造成旅游景点的永利街随着电影热度的降低能否持续获得社会的关注？严重失修的旧楼在后期修缮中的资金由谁负责？这些都是永利街"忽然保育"后所必须解决的问题。在实地调研过程中发现，如今的永利街已不见大量的参观游客，显得十分冷清，并且仍有部分居住单元处于失修状态（图 3-12）。

　　由于对居民缺乏理性的引导和合理的方式参与到保育活化的过程中，加剧了民众不信任政府和阻碍政府办事效率提升的双重危害。尤其是当保育活动与重建发展计划共同开展时，由保育引发的抵制使得原本就复杂的重建发展变得更加困难和缓慢。因此，当前的保育活化组织方式中需要借鉴重建发展的组织方式，为居民提供主动发声的机会，疏通公众广泛参与的渠道，保障重建区保育活动的顺利进行。

（a）　　　　　　　　　　　　　　　　　（b）

图 3-12　永利街现貌

（a）冷清的永利街；（b）未完成的维修工程

3.3　市区重建操作流程

3.3.1　重建发展的操作流程

自上而下为主的重建发展项目操作流程主要经历了三个阶段：项目选定阶段、项目公布启动阶段和项目推进落实阶段（图 3-13）。三个阶段均有相应的计划运行措施和落实计划来保证参与主体发挥各自职能，并支撑各阶段操作的顺利进行。下文将详细论述各阶段的具体实施措施并对其效果进行一定的评价。

为了缓解高密度城市旧区急速老化的速度、提高重建发展效率，在市建局成立后，香港特区政府的关键举措之一就是为市建局在重建项目选定阶段引入了新的计划审批制度[62]。市建局每年公布进行的重建项目来源于其《五年业务纲领》和《年度业务计划》。相比较土发公司时期所进行的每个项目都需要分别审批的过程，市建局的审批简化了繁琐的申报流程。市建局将参考多方情况后制定的业务纲领和计划上报给财政司司长，财政司司长审议后决定是否通过市建局的《五年业务纲领》和《年度业务计划》。这种阶段性成批量的审批方式不仅保证了目标的明确性和长远性，同时还提升了重建项目在选定阶段的效率。

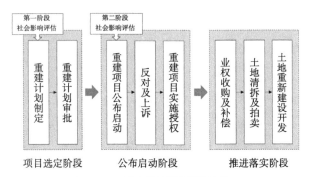

图 3-13　重建发展项目操作流程

3.3.2　楼宇复修的操作流程

香港重建发展项目的周期长，无法从本质上减缓旧区老化的速度，由此，楼宇复修逐渐成为香港市区重建的重点内容。楼宇复修的更新方法是通过定期的检验和维修来延长楼宇的使用年限，提升旧区居民的生活环境。

相比较重建发展来看，楼宇复修的操作流程简单，涉及的参与主体少，产生的社会影响小，动用的资金和资源少。其操作运行流程可划分为启动和实施两个阶段（图 3-14）。政府和法定机构均出台了具体的实施措施来督促和协助居民主动进行楼宇复修，推动复修活动在全港的推进。

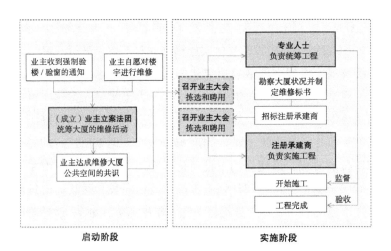

图 3-14　楼宇复修项目操作流程

　　成立业主立案法团作为以居民自组织形式为主进行楼宇复修的关键环节，以居民成立法团的管理形式，简化了楼宇复修的操作过程。为了提高复修效率并且实现楼宇复修在全港的推广，业主立案法团的成立具有明晰的法定流程，在《建筑物条例》中有明确的规定。同时，房屋署发布了成立法团的相关指南，详细解读了立案法团的成立流程、财务安排以及权利义务等实施内容，来协助和指导大厦业主。

　　明晰简化的楼宇复修操作流程提高了维修工程的效率，进而推动了香港高密度背景下市区重建的整体进展情况。

3.3.3　保育活化的操作流程

　　市建局一元主导的重建区保育活化工作由于组织形式简单，其操作流程也十分简化，表现出单向直线管理的特点。明确责任、简单化管理的操作流程有助于推进保育活化工作进程，提高实施效率。

　　市建局重建区保育活化项目的实施一般可分为三个阶段（图3-15）。首先是准备阶段，这一阶段主要工作是集中保育对象的业权，按照市建局回收补偿的具体措施来收购历史建筑的业权，使市建局成为历史建筑的业主。其次

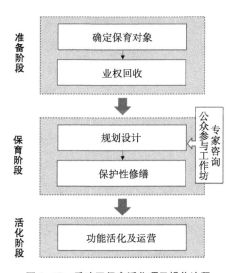

图 3-15　重建区保育活化项目操作流程

是保育阶段，收购完成后市建局对保育建筑和街区进行规划设计，并展开保护性维修工作，组织专家咨询和公众参与工作坊。最后进入活化阶段，为保育建筑注入新的功能并进入后期的运营，运营的途径有两种：第一种是建筑的业权由市建局所有，采取市建局自主运营或是与其他机构和企业合作运营的方式；第二种是将修缮后的历史建筑业权以出售的方式转移到开发商手中，由开发商负责后期的运营。

3.4 香港市区重建治理结构的分析及启示

香港市区重建的组织构成框架是为了更好地适应高密度旧区更新环境并应对更新挑战而形成的，主要表现为以下几个层面。

1. 政府加大管控以应对高密度带来的更新挑战

政府在加强干预市区重建后，在更新策略和组织方式上改变了香港市区重建的整体框架。在无法依靠市场调节解决旧区更新不动的挑战下，政府的参与全面推进了香港高密度、高难度的市区重建活动的进程。

《市区重建策略》中提出采取综合的方法和手段改善旧区环境，特别是楼宇复修这一更新方法的提出不仅缓解了重建发展的压力，还避免了拆除重建所引发的新社会问题，是适应香港高密度城市旧区更新的特色方法。在政府行政力的指导下香港市区重建的内涵不断变化，由20世纪80年代的单一拆除重建演进到如今综合统筹的市区重建策略，以此来应对香港新时期市区重建速率低、效果差的挑战。政府加强干预市区重建的力度后，香港市区重建的组织模式发生了转变，从而提升了城市中重建困难区域的更新效率。由上可见，政府主导香港市区重建后，从横向的更新手段到纵向的更新速率都有较为明显的变化。

2. 市建局的成立成为政府与市场沟通的重要桥梁

在政府主导下的香港市区重建的执行实施主要由市建局负责进行，其虽不是政府公共部门，但已然成为政府调控市区重建的代表。市建局的工作内容涉及重建的统筹规划、业权回收、土地清理和拍卖招标等环节，复修实施中的帮扶促进，以及重建区保育活化修缮和运营两部分。市建局的成立实现了政府对旧区更新活动的灵活调控。其优点在于适应了市场经济原则，避免了政府直接操作更新而引发社会及市场的争议，同时又强化了政府对更新市场的引导。

市建局这种半私半公性质机构的成立与香港的历史背景密不可分。在香港回归前，英国政府为了更经济地实现对香港的治理和管控，在社会公共活动中的投入极少，往往以公私合作的形式来实现市场对基础设施的建设和民生工程的实施。例如，香港地铁的建设运营，也是通过成立法定法团的形式来实现的。然而，通过对市建局规划及设计部的访谈，不可否认的是市建局作为自负盈亏的独立机构不具备行政执行力，因此在政府更新政策落实的层面会出现能力不足的情况，从而导致策略制定和落实出现一定的偏差。市建局在顾全财政平衡的同时，还要实现改变旧区面貌和落实"以人为本"的方针确实存在难度。

3. 居民主动参与度不断提升以缓解复杂业权引发的重建阻力

在新版的《市区重建策略》中，提出了"以人为先，地区为本，与民共议"的市区重建方针，从顶层战略设计上强调了居民在更新中参与主体的地位。在这一方针引导下通过推出"需求主导重建计划"和市建局"中介服务计划"等具体措施来落实居民在重建发展中的主动参与程度，并通过政府的积极引导使得居民成为楼宇复修的主导方。由此可见，香港居民在市区重建活动中的参与程度不断提升。

居民参与度提升带来的最主要变化是从一定程度上减小了市区重建的阻力，变居民被动放弃业权为主动提出更新需求。经历了由私人开发商主导更新和土发公司商业化主导更新的两种以盈利为目的的更新方式后，公众对公共部门普遍缺乏信任感，对市区重建特别是重建发展存在抵抗情绪。在市建局成立初期，即便提供了相当优惠的补偿措施，也并没有获得居民的有效配合。2002 年市建局首批推行的 3 个重建项目中，在收购期结束时仅有 30% 的居民同意收购条件，并有大量的居民到市建局办公楼下举行通宵的抗议活动，市建局不得已将收购期延迟 1 个月[62]。相比之下，在需求主导重建组织方式下开展的重建项目在收购阶段的阻力就小很多，超过 90% 业主同意收购建议的占需求主导项目数量的 1/4。居民的抵抗情绪影响了香港市区重建的进程，面对市区不断老化的困境，提升居民在更新中的主动参与程度显得极为重要。虽然当前香港市区重建中的最大发言权和决定权仍掌握在政府手中，居民反对重建的抵触态度依然存在，但是，通过对满足居民更新诉求的积极探索，市区重建的社会效益正在不断提升。

4. 营利部门的性质决定了其在更新中需要一定的管控

在香港自由开放的经济体制下，营利部门是政府主导市区重建活动中的重要合作方，他们为各种更新方法带来了资金、技术和管理经验。但是，营利部门以赚钱为目的的性质引发了一些异议：在重建发展的后期建设中，私人开发商为了实现利益最大化忽略城市公共空间的设计，导致"屏风楼"和"蛋糕楼"现象的出现；在楼宇复修的实施中，低价恶意竞争和围标等扰乱市场秩序的现象也屡见不鲜。因此，政府需要制定管控营利部门的措施来维持更新市场的秩序，保障居民权利，更好地实现市区重建的社会价值。

第4章 香港市区重建的实施体系研究

通过上一章的分析梳理明确了香港市区重建机制的组织构成，本章将探究市区重建机制中实现系统内部互动的实施体系。为了实现重建发展、楼宇复修和保育活化的顺利运转，香港在各个运行阶段都制定了相应的运行措施和落实计划。通过梳理各项实施体系的内容和开展方式，分析其实施情况，以总结分析三类更新方法实施体系的经验和不足。

4.1 重建发展的实施措施及评析

4.1.1 综合统筹、简化审批的重建项目计划选定流程

为了促进高密度城市旧区的更新，在计划选定过程中香港市建局会综合多方因素；同时，为了全面提高重建发展速率，政府简化了市建局业务计划的审批过程。香港重建项目计划选定过程基本就是市建局《五年业务纲领》和《年度业务计划》的制定和审批过程。

为了落实市建局更新高密度城市旧区为主的目标，市建局在计划选定阶段会综合考量多方面因素，主要来源于政府意见、规划研究、居民意愿以及市建局自身情况四个方面（图4-1）。

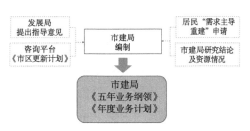

图4-1 重建项目计划选定过程

1. 发展局给出的咨询意见

政府除了在市建局工作纲领和计划的审批中起到决定作用，同时在业务计划的制定过程中也会给出方向性的指导意见。发展局在市建局制定业务纲领和业务计划时会给出指导意见，并有权就市建局的业务纲领和业务计划所涉及的问题提出质疑并寻求解释。因此，市建局在选定重建项目时受到政府的直接影响很大，这保证了市建局业务计划与目标纲领的一致性，从而选择更新难度大的市区重建项目。

2. 地区更新规划确定的优先重建范围

由市区更新地区咨询平台制定的《市区更新计划》（以下简称《更新计划》）也是市建局重建项目选择的重要依据之一。《更新计划》是经过社会影响评估、公众参与和规划研究后制定的指导地区市区重建工作的综合更新规划，并就重建和复修的范围给出具体建议。地区更新规划确定的重建范围是政府和市建局开展工作的重要参考，也是政府指导市建局重建项目选择的依据之一。

3. 居民的"需求主导重建"申请

居民可以依据需求主导重建（先导计划），通过联合大部分物权人的方式自主向市区重建局提出开展重建项目的申请。市建局为了保证需求主导型的项目可以顺利展开提出了较为严格的申请条件，在满足条件的申请中，市建局会根据其选择重建项目的标准决定项目受理的优先次序。当年被市建局受理的需求主导重建项目，会被列入其下一年度的《年度业务计划》中。

4. 市建局的研究结论及资源情况

在重建发展项目的选择和执行上，市区重建局依照《市区重建策略》主要有以下考虑因素：

第一，楼宇的自身状况及安全性、居民当前的居住环境、重建后的预期效果以及是否可通过复修达到改善的目的。市建局在推出某项重建项目时还会考虑到自身的财政和人员是否有能力推进项目。

第二，在计划审批层面简化审批流程。和土发公司的单个项目分别审批的过程相比，市建局计划审批的操作流程简化了很多，采取了阶段性批量审批的措施。市建局每年向财政司提交为期5年的业务纲领和下一年度全年的业务计划，作为未来的工作指导和项目计划。阶段性的计划审批保证了市建局工作方向的稳定性和计划的长久性。

综上所述，在香港高密度城市旧区迅速老化和更新难以推进的紧迫情况下，计划选定阶段的实施体系重点在于：确保更新潜力不足的高密度重建项目能够入选，同时提升审批效率来缩短重建时间。城市的再生应该是一个包容性与参与性的过程，综合性的计划选定过程提升了城市更新的社会效益，使得市区重建的目标可以更好地体现不同参与者的愿望[108]。为此，香港特区政府在提升重建项目效率的同时，为了保证居民在重建发展的运行前期可以表达自己的意愿和分享对重建项目发展的理解，引入了需求主导重建的措施。虽然居民的需求申请需要通过市建局的筛选和政府的审批，但是这表明香港在市区重建的计划选定阶段已经有了考虑居民诉求的意识。在以效率为导向的重建发展中，香港重建项目的运行强化了对社区及公众公平的保障，增加了市区重建的社会效益。

4.1.2　强化民意、降低阻力的公众参与措施

香港特区政府主导高密度的市区重建后，为了提高项目收购的成功率，保障重建的落实，居民的参与程度不断提高，政府和市建局制定了一系列公众参与的实施措施。重建发展中的公众参与主要在项目启动阶段进行，分为收集居民意愿与公众提出反对意见和异议两个部分。收集居民意愿部分主要是进行社会影响评估和冻结人口调查。在市建局重建项目刊宪当天会组织全面的冻结人口调查，同时开展第二阶段的社会影响评估。项目刊宪的同时，市建局要向居民提供项目相关资料以供查阅，并接受居民提出的异议。

4.1.2.1　关怀居民的社会影响评估与保障公平的人口冻结调查

项目公布的前期，市建局会组织社会影响评估和人口冻结调查。社会影响评估包括两个方面：首先，收集民意，了解社区内公众的重建需求；其次，提出纾缓措施，减少重建对社区的负面影响。冻结人口调查避免了投机现象的出现，稳定重建发展市场。

1. 社会影响评估

重建项目的社会影响评估分两个阶段进行。第一阶段的社会影响评估在宪报公布前开展，由市建局负责进行或以咨询平台早先进行的报告成果作为

结论，评估结论于重建项目刊宪当日起提供公众参阅。第二阶段的社会影响评估在重建项目公布后进行，根据市建局在冻结人口调查时收集来的资料进行。分别向发展局局长和城市规划委员会呈交发展项目和发展计划时，还同时呈交第一和第二阶段的社会影响评估。重建项目的社会影响评估的内容主要包括调查重建区域的综合条件及地区特征，以及受影响居民的态度、需求及意愿，并提出减少重建项目负面影响的纾缓措施。

2. 人口冻结调查

由于受重建项目影响的居民会收到市建局提供的丰厚补偿金，因此为了保障社会公平，第一阶段的社会影响评估不会向市民公开具体的项目位置。换言之，在重建项目正式启动前，公众参与开展的范围都比较大。为了避免炒房机构和投机者从中获取暴利，重建项目正式刊宪当日，市建局立刻组织人口冻结调查，在冻结人口调查后购入的业主和租住的租客不会获得有关补偿。人口冻结调查有助于建立公平公正的重建发展环境，防止了市建局收购赔偿中的经济损失，稳定了市场秩序。

4.1.2.2　供公众提出异议的"反对上诉"制度

供公众提出异议的制度措施强化了居民的参与度，减缓了重建实施阶段的公众阻力。公众"反对上诉"的措施为居民提供了表达异议的渠道，在项目启动阶段给予居民充分表达意见的机会。政府发展局和市建局将以此为依据决定是否调整重建计划范围和方案，以提高项目在收购补偿阶段的成功率，推进重建发展项目的落地。

对于发展计划而言，市建局并不负责接受任何反对意见，有异议的人士需要直接向城市规划委员会（简称"城规会"）提出异议申请[109]（图4-2）。对于发展项目而言，刊宪后的2个月内为项目公示期，市建局应提供项目的相关资料供公众查阅。受影响的居民可对宪报刊登的重建发展项目提出反对意见，在项目授权后若仍有异议可以提起上诉（图4-3）。

项目详细资料刊宪公布并提供公众查询渠道的做法提高了重建项目决策的透明度，使得居民有机会获得并了解重建项目的资料[110]。反对和上诉制度的建立使得受影响居民有机会表达自身意愿，甚至可以反对重建项目的推行，虽然在两轮的反对阶段发展局局长具备最高的决定权，但是在项目授权推进

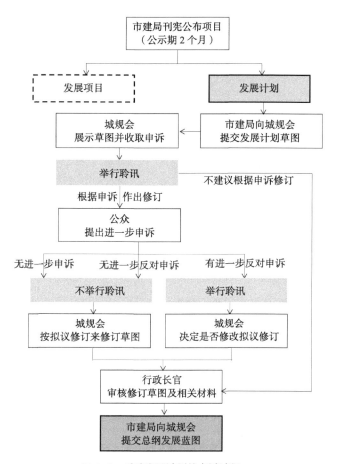

图 4-2　重建发展计划的申诉过程

后居民仍有提出上诉的机会。

　　香港的利东街 H15 重建项目是居民参与重建、表达公众意愿的典型代表。该项目开始于 2003 年 10 月，启动前期社区内部居民和社区外部公众对市建局公开征集的规划方案存在异议，认为重建手法只关注了经济效益而忽略了对社区文化的保护。利东街的重建项目之所以广受关注，是因为其在香港是著名的"喜帖街"，这一称呼源于街道两旁的唐楼中集聚着许多印刷企业，大部分的商铺经营时长已超过 50 年，且拥有良好的声誉，香港市民经常会来此

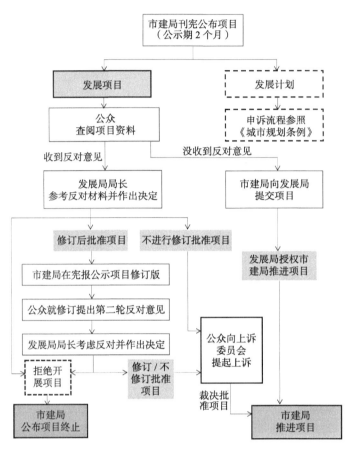

图 4-3　重建发展项目的"反对上诉"过程

订制婚礼请柬等生活印刷品 [111]（图 4-4）。2004 年年中，利东街居民在规划专业人士的协助下，向城市规划委员会提交了自行设计的"哑铃方案"，成为了香港历史上首个民间规划案例（图 4-5）。尽管最终城规会以不够专业为由拒绝了居民的设计案例，但是也迫使市建局修订了原有方案，在利东街建立以婚庆为主题的购物文娱中心——"姻园"，并成立香港首个婚嫁传统文物馆。

香港的重建发展项目在公示后有一套比较完整的供居民提出异议的参与制度，给予了公众较为通畅发表异议的渠道，并且在法令条文中有明确的规定，具备法律的强制效力，保障了居民发表意见的权利。并且，从另一个角

（*a*） （*b*）

图 4-4　利东街 / 麦加力歌项目变迁

（*a*）利东街原貌；（*b*）利东街现貌

（资料来源：图（*a*）来源于：Zhang G. Governing Urban Regeneration: a Comparative Study of Hong Kong，
Singapore and Taipei [D]. Hong Kong:Hong Kong University，2004: 67-68.）

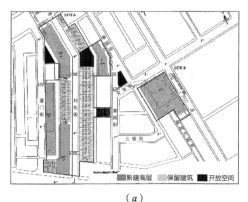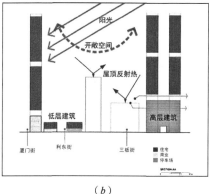

（*a*） （*b*）

图 4-5　利东街居民规划方案

（*a*）平面图；（*b*）空间分析图

（资料来源：殷晴.香港地区市区重建策略研究及对广州市旧城更新的启示 [D] 广州：华南理工大学，
2014：56-57.）

度来看，公众"反对上诉"制度在一定程度上缓解了居民对市区重建的敌对
情绪，在防止暴力抗拆事件发生的同时保证了项目实施阶段的落实，值得内
地城市更新借鉴和学习。

　　香港重建项目的反对和上诉制度给予了居民发声的渠道，但是也存在一
定的问题。反对和上诉的流程客观上延长了重建项目的周期，使得本来就难
以追上市区老化的重建速度变得更加缓慢。由于可以提交反对书的居民范围

并未得到限制，部分并未直接受到重建影响的人士也会提出反对，使得项目进入处理反对书的程序，延缓了项目进程。以市建局在土瓜湾（东九龙）开展的项目为例，收到的反对书中甚至包括一位居住在距项目 4km 外的深水埗（西九龙）市民的反对。由此可见，在香港民主意识强的社会文化环境中存在着一定的"过度民主化"，这种"过度民主化"会阻碍城市发展和社会进步。

4.1.3 平衡多种权益的收购及开发措施

重建项目经过公布启动期的"反对上诉"程序后仍被发展局或上诉委员会批准或认定继续推进的，将进入土地权利的重新分配阶段，意味着重建项目的具体落实。落实阶段的工作主要由两部分组成：第一，居民业权的回收补偿及土地清理；第二，土地重建拍卖，进行后期建设。市建局对重建项目业权的回收有着清晰的收购流程和完整的收购补偿及安置办法（图 4-6）。

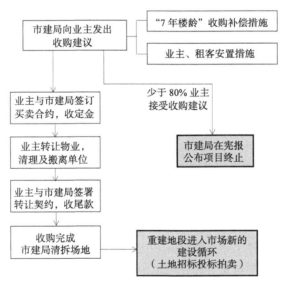

图 4-6　重建项目推进过程图

项目实施阶段的措施重点在于平衡重建发展中的多方权益。收购补偿阶段既要保证居民的权益加快收购步伐，又要规范补偿措施平衡市建局财务。

土地重新开发阶段要合理并充分调动私人开发商的资源。

　　为了提高重建效率推进土地回收进程，香港重建项目土地回收中业权人的同意比例必须达到 100%，在特定条件下同意收购比例可进行下调。香港在 1998 年制定了《土地（为重建发展而强制售卖）条例》，以该条例为依据对重建项目的土地回收比例进行了明确规定。第一类，市建局发起的重建发展项目在拥有目标地段超过 80% 的不分割份数的业权时即可向土地审裁处申请发出强制售卖令，经行政长官特批后这一比例可降低至 70%；第二类，私人开发商发起的重建项目，拥有目标地段 90% 的不分割业权时可发起强制售卖申请，这一比例在行政长官批示后可下调至 85%；第三类，由居民自主发起的重建项目申请强制售卖令的比例为 80%。以此为依据，市建局重建项目的收购建议若未在规定时间内达到 80% 业主的同意，则宣布收购失败，项目终止。在收购完成后，市建局成为土地的所有者，将以公开招标的形式确定项目的合作开发商。

4.1.3.1　详细的业权收购补偿措施

　　香港在重建的补偿问题上制定了严格的遵守标准和控制准则。市建局开展的重建项目的补偿力度较一般私人开发商相比要大很多，稳定了重建发展活动的秩序性。市建局将被收购的物业划分为七类，对于不同类别的受影响市民也分别设计有详细的补偿办法。为了使居民了解收购补偿的过程及办法，市建局在网站上将其公布公开，对于观塘中心这类大型的重建项目，市建局还专门编制重建项目物业收购准则小册子，供市民参阅[64]。

1. 住宅物业

　　业主的收购补偿款由两部分组成，即其住宅物业的市值交吉价加上一笔津贴作为收购价。津贴的补偿标准以"同等地段 7 年楼龄住宅"的价格为参考依据，目的是为了使受影响业主可以有能力在同等地段再次购买住宅居住，避免了在市区重建过程中老城区居民被迫迁移到城市边缘的情况。用途不同的住宅物业获得的津贴数额不同：自住业主获得的津贴被称为"自置居所津贴"，出租业主和空置业主获得的津贴被称为"补助津贴"（表 4-1）。

不同用途住宅物业收购补偿表　　　　　　　表 4-1

住宅物业用途	物业市值	自置居所津贴	补助津贴
全部自住	交吉价	假定价值 − 交吉价	—
自住 + 出租	交吉价	自住部分假定价值 − 交吉价	出租部分 75% 自置居所津贴
全部出租	交吉价	—	50% 自置居所津贴
空置	交吉价	—	50% 自置居所津贴

2. 非住宅物业

市建局对于非住宅物业的补偿金同样由业主物业的市值交吉价和津贴两部分构成。对于在冻结人口调查日之前已经开始在物业中营业的自用业主还将额外获得营商特惠津贴，营商特惠津贴的金额与连续经营的年限成正比。自用业主也可以选择就其营业损失申请补偿，来代替上述的津贴和营商特惠津贴（表 4-2）。

不同用途非住宅物业收购补偿表　　　　　　　表 4-2

非住宅物业用途	物业市值	津贴	营商特惠津贴
自用	交吉价	35% 交吉价 /4 倍应课差饷值	每年 10% 应课差饷值（30 年为上限，7 万港元 ≤ 金额 ≤ 50 万港元）
出租或空置	交吉价	10% 交吉价 / 应课差饷值	—

3. 其他情况

其他情况主要分为四类：住宅单位用作非住宅用途、天台业主、单一业权大厦业主以及空置地段业主。这四类情况中受影响的业主，按照一定的赔偿标准也可以获得物业的市值价格和一定的津贴补偿作为收购价值。

政府主导下的香港收购补偿措施十分详细和规范，既保证了居民的利益，又有利于市建局控制收购成本。明确和规范的收购补偿金额标准避免了业主出现争当钉子户获得更多补偿金的情况出现，促进收购进度。香港在收购过程中从物业实用面积测量到市值估价均有专门的测量机构负责进行。当前内地旧区拆建补偿的规定标准化较为欠缺，测量结果准确度和权威性不够，香港系统化和标准化的补偿办法值得学习和借鉴。

在政府引导下市建局提供的"7 年楼"的补偿标准也优于一般的私人开发商。优厚的补偿金额也是为了促进项目能够尽快达到土地收购的比例要求，加快重建发展项目的进度，正面提升重建速度回应高速衰败城区引发的问题。

4.1.3.2　考虑周全的重建安置措施

1. 住宅自住业主的"楼换楼"安置计划

"楼换楼"计划是提供给受重建项目影响的住宅自住业主现金补偿外的另一种安置补偿选择（图 4-7）。业主参与"楼换楼"计划的先决条件是必须首先接受按"7 年楼"计算的现金补偿金额，而后才能继续参加后续的"楼换楼"计划。由此可见，"楼换楼"计划的本质是受影响业主购买房屋的优惠计划，可以理解为补差价换楼，而非真正意义的以房换房。通过对市建局规划及设计部的访谈可以发现，对于零收益甚至是亏本的重建发展项目而言，类似于"1赔1"甚至是"1赔多"的补偿措施根本无法实现，"楼换楼"计划的尝试意义在于为受影响居民最大限度地提供回迁的协助。

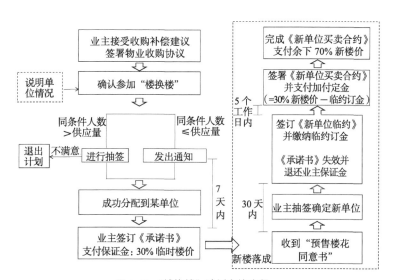

图 4-7　"楼换楼"计划实施流程

虽然"楼换楼"计划在香港高密度和高地价的双重作用下的实施困难重重，但是它反映出香港市区重建补偿措施为适应本土特色进行了新尝试。首先，"楼换楼"计划为受影响的居民提供了多一种的安置方式，丰富了居民在拆迁中的选择；其次，补差价换楼的方式适应了香港现实无法直接提供新楼补偿的情况，是市建局在面临"零收益"高密度旧区更新困境中作出的折中决定；最后，参与计划的业主可先获得一部分补偿款来解决新楼落成前的安置问题，缓解了居民的压力，与内地拆迁户在新楼落成前一般不会获得经济补偿的情况相比较，香港的换楼政策给予受影响业主更高的灵活性，值得内地借鉴。

2. 租客的安置补偿制度

香港旧区重建的补偿办法中除了对物业所有人有规定明确的补偿措施，对于大量生活在老旧楼宇中的租房居民也有完整而细致的补偿安置措施。市建局的租客安置补偿制度，主要有为租客提供安置房和补偿金两种选择方式：对于符合香港房屋委员会或香港房屋协会资格的租客可以选择公屋安置，未能符合安置公屋资格却符合市建局安置资格的租客可以选择市建局安置大厦来安置；对于不接受或未能获得安置的租客，市建局会发放一笔特惠金（住宅租客）或特惠津贴（非住宅租客）作为补偿。2017年6月，市建局新出台的租户补偿政策中将租客的特惠金提高了超过一倍，特惠津贴补偿也进行了上调。安置房为租客面临拆迁困境时提供了稳定的居所，而特惠金的方式在一定程度上保证了租客有能力找到合适的下一个租住安置地点。

为了保障受拆迁影响租客的合法权益，香港对业主也提出了一定的要求。由于全部自住的业主在收购补偿时获得的赔偿较多，为了避免业主因补偿津贴而赶走租客的情况发生，香港法律规定业主以非法手段向租客提出不正当要求以增加自身利益、迫使租客放弃租用其物业或诈骗市建局的行为均属于违法行为，将会受到一定的制裁和处理。

香港特殊的租客补偿制度对于中国内地城市更新，特别是租客较多的大城市城中村更新具有一定的参考价值。老旧楼宇中的租客大部分属于社会低收入群体，在面临拆迁时更是弱势群体，市建局在土地收购过程中设置的特殊租客安置补偿措施，在一定程度上解决了租客拆迁后的后顾之忧。

4.1.3.3 公私合作的土地重建开发

完成对居民业权的收购后，市建局开始对土地进行清拆和整理。土地清理完成后重建发展项目进入最后阶段：土地重新进入市场开始新的开发建设。

市建局为了降低财政风险和资金快速回收一般不会进行独立开发建设，通常选择合作开发商进行开发，由开发商负责更新后期的建设活动[112]。

重建发展项目通过公开竞标的方式确定合作开发商，要经过一轮筛选和一轮公开竞标。首先，市建局会邀请有兴趣参与合作发展的开发商提交意向书，并经市建局董事会评审后，邀请符合资格的开发商提交合作发展标书。而后，入标的开发商通过公开竞标的方式确定最终参与项目开发建设的单位。开发商在入标竞投时，要向市建局提交预付缴款建议，其中包括日后销售收入如何和市建局分成的建议。

市建局与开发商合作进行重建发展的模式既为市建局避免了土地开发的风险，又吸引了私人资本的投入。市建局的工作重点在于推行私人开发商不愿涉足的收购难度大、经济效益差的市区重建项目，项目收购阶段市建局利用政府给予的优惠政策完成土地清理，为项目建设阶段引入私人开发商的资源提供了良好的土地环境，为高密度城市旧区发展提供了机会。

4.1.4 重建发展实施的启示与不足

4.1.4.1 重建发展实施的启示

1. 高密度更新难的重建发展项目在综合措施作用下效率逐步提升

香港重建发展的效率在一系列实施措施的作用下逐步提升。阶段性批量化的计划审批简化了繁琐的申报流程，保证了目标与项目实施的一致性。市建局优惠的"7年楼"补偿制度设计也是为了促成居民同意收购建议并提高收购的成功率，从而缓解项目在收购中耽误过久的时间而拖延进度的问题。市建局设定80%为可要求强制回收土地的比例，也是为了推进重建项目的实施效率。在种种提升效率的措施综合作用下，市建局相较土发公司而言，在重建发展项目的进展上有所增速。市建局成立的16年间共新开展了44个项目（不包含处理土发公司遗留的25个项目），与土发公司13年开展25个项目相比可以看出，政府主导的重建发展在实施效率上有所提升，加快了更新难度大的旧区的重建步伐。

2. 公众参与措施有助于缓解复杂业权引发的矛盾

香港健全的公众参与制度保障了居民发声的权利，公开透明的项目落实也从某种程度上减少了居民阻力，保障项目顺利进行。在西方民主文化和反抗殖民主义的双重影响下，香港居民的民主意识较为强烈，社会文化强调公平公正。在这种环境下形成了当前香港重建发展项目的公众参与制度，以保障项目实施的公开透明。主要表现在两方面：第一，重建项目的公示制度；第二，居民参与的社会影响评估和反对与上诉制度。

中国内地的部分城市在旧区更新中已经意识到项目公开和公众参与的重要性，并逐渐开展了探索实践：上海在落实更新项目时会进行两轮的居民意见征询，分别为改造方案和安置补偿的意见咨询；深圳城中村改造会进行公示，并在公示期接受公众的有关意见和建议。但是，从全国范围来看，相比较香港而言，中国内地城市旧城更新的项目公开和公众沟通机制还不健全，因而引发了一定的冲突事件。因此，内地可从香港市区重建的公众参与机制和措施中获得一定的启发。

3. 关注高密度城市旧区中弱势群体权益的补偿措施值得借鉴

香港在业权回收中的补偿安置措施不仅考虑到房屋的业主，同时也保障了租客权益，给予拆迁中的弱势群体特殊的安置和补偿措施。中国内地的大城市，如深圳、广州，被拆迁的旧区特别是城中村中居住着大量外来务工人员，这些租客在面临拆除重建时被迫迁离住所并且基本得不到任何补偿。以深圳的白石洲更新为例，不少租客特别是商铺的租户反映，只有村中的房东能够在更新中得到补偿，而他们被排斥在拆迁补偿的谈判之外，权益得不到保证，只能被迫接受终止租约。内地城市在更新补偿方面应当借鉴香港的租客补偿制度，维护拆迁中弱势群体的权益，落实以人为本的城市更新。

4.1.4.2 重建发展实施的不足

1. 居民的重建诉求有待进一步落实

在"以人为先"工作方针的指引下，香港重建发展项目强化了居民参与程度，但是居民对重建的诉求和异议的最终评审和决定权掌握在政府手中，使得居民的意见只能作为参考而非主导。

从需求主导重建计划的实施流程可以看出，居民申请的重建项目的最终落实还要经由市建局的选定并提交政府批准，最终由市建局负责实施，居民的诉求并未完全实现。公众"反对上诉"的实施步骤亦是如此，处理居民反

对意见的是代表政府的发展局而非代表社区和居民的中立机构，即便设置了
上诉机制，但上诉委员会的成员是由行政长官委任，从某种程度来说，其也
是政府的代表，因此，"反对上诉"机制的实质仍是公众部门就居民意愿进行
权衡后作出最终决定。由此可见，重建项目的最终决定权不掌握在居民手中，
看似自下而上的实施体系其本质仍是自上而下进行的。因此，若要进一步落
实"以人为先"的重建方针，还需要进一步完善实施的制度和措施以落实居
民作为项目启动者的角色，使之真正成为重建的主人公。

2. 补偿安置对居民的生计问题考虑不足

香港的租客安置补偿办法是社会公平的体现，但是，不可否认的是香港
特殊的租客补偿制度在改善低收入租客的生活环境方面同样存在一定的局限
性。对于租客，特别是居住在"笼屋"中的社会底层人群，旧区意味着生存。
公屋安置无法解决低收入人群的基本谋生问题：公屋到现有工作地点的通勤
费用高，而公屋附近的就业机会少。这也就解释了许多低收入人群选择继续
住笼屋而放弃公屋安置机会的原因。

当前香港居民对市建局提出的住宅补偿措施的争议不大，但是对于商铺
补偿的争议和矛盾比较突出。以"喜帖街"利东街的重建补偿为例，利东街
居民长期以作坊式印刷为谋生的主要手段，受重建影响的居民中有近一半人
的文化水平低于小学教育（48%），这也造成了当地不少从事印刷业的工人只
拥有当前的工作技能，拆除利东街的印刷作坊意味着许多人将面临失业的困
境。因此，商铺的补偿对于他们而言不仅是补偿物业损失，更是今后谋生的
保障。香港旧区重建后如何保持原有的商业氛围和保障居民的经营谋生手段
还要加以探讨。

3. 重建后土地绅士化的问题缺乏引导

香港的高密度老旧楼宇是基层市民重要的住房供应来源，重建发展后带
来的旧区房型增大和房价升高，会导致低收入人群的居住空间被压缩。据调
查，2017 年香港有 17 万人居住在劏房中，人均月收入不足 5500 港币，属于
低收入人群，而 2/3 的劏房居民在搬入前也居住在板间房中。由此可以看出，
居住在劏房中的社会基层人员在住房水平方面向上的流动性并不高。重建发
展的后期建设阶段由私人开发商负责进行，为了增加盈利收入，开发商在新

楼的设计中不会特别考虑为受拆迁影响的社会基层人士提供他们能承受的小户型单位，他们的销售对象往往是社会的中层及以上家庭。以深水埗的顺宁道重建项目为例，居民自发组织的重建关注组建议重建后应提供不同房型供受影响居民选择，并建议新建的 4 栋建筑中 2 座为私楼、1 座为居屋 ❶、1 座为公屋。然而，香港特区政府并未接受居民的建议，重建后的楼花作价已达每平方英尺（1 平方英尺≈ 9.29 × 10^{-2}m^2）8000 港元[113]，不是低收入人群能够承受得起的住宅。香港重建发展的关注点仍在提高效率加快改善城市物质环境上，政府对于重建后期如何保障社会基层人士的住房需求缺乏引导，对于私人开发商接手重建后带来的土地绅士化问题缺乏一定的管控。

4.2 楼宇复修的实施措施及评析

4.2.1 刚柔并济的动力措施

香港的老旧楼宇需要定期进行检验以确定建筑的质量和安全情况，并以此为依据订明楼宇是否需要进行维修以及进行何种维修工程。大厦的业主可以自行组织验楼，但是由于大部分业主对于楼宇的公共部分缺乏维修意识，加之早期政府缺乏统一的管理和强制性的要求，大量旧楼仍处于缺乏检验和维修的状态。为了加快失修楼宇的维修进展，保障旧区安全，改善居民生活环境，香港特区政府于 2012 年 6 月推出了督促大厦业主检验建筑质量的 "强制验楼计划" 和 "强制验窗计划"（表 4-3）。

强制验楼及强制验窗计划具体内容　　　　　　　　　　　　表 4-3

计划名称	楼宇条件	检验周期	检验内容
强制验楼计划	高于 3 层，楼龄 30 年及以上	每 10 年检验 1 次	楼宇外部构件及其他实体构件；结构构件；消防安全构件；排水系统；楼宇公用部分、公用部分以外的楼宇外部的僭建物

---

❶　居屋是指香港房屋委员会 "居者有其屋计划" 兴建的住房，有别于公屋。该计划内的居屋由香港房屋委员会负责兴建，以低于市场的价格向不足以购买私人楼宇并符合申购条件的市民进行出售。

计划名称	楼宇条件	检验周期	检验内容
强制验窗计划	高于 3 层，楼龄 10 年及以上	每 5 年检验 1 次	楼宇所有窗户及玻璃百叶窗，包括个别私人处所及楼宇公用部分的玻璃墙

为了落实强制验楼计划，政府在监管方面采取了刚柔并济的推动办法。对于不负责任的业主通过法律手段采取重罚，对于积极参与验楼活动的业主给予奖励。香港《建筑物条例》中明确指出，已收到验楼通知但是拒不参与强制检验计划的以及未在规定期限进行维修的楼宇业主将受到罚金和监禁的严重惩罚，最高将处以 5 万元港币罚款和 1 年的监禁。为了给楼宇业主一定的准备时间，屋宇署在向业主发出正式强制验楼通知前的 6 个月会向业主发出预先知会函，并有统一管理的网络平台供业主查询自己所在的大厦是否被纳入了强制验楼及验窗计划。

为鼓励未达到强制验楼年限的新楼业主积极自发参与验楼计划，屋宇署规定对于主动验楼并积极保养的新楼业主在楼宇达到强制验楼的楼龄后，可以获得一次强制检验豁免。市建局和房协专门出台了"强制验楼资助计划"，通过提供资金的方式协助收到通知的业主参与验楼，资助金额最高可达 10 万元。资助金额基本涵盖了业主初次验楼的费用，提高了业主验楼的积极性。

强制验楼计划的实施既界定了政府的监管责任，又明确了旧楼业主的维修责任。刚柔并行的落实措施，双向保证了楼宇业主参与其中，奖罚分明的办法对于公共部门而言方便监管。从检验开始消除香港老旧楼宇的安全隐患，是楼宇复修活动顺利开展的基础。

4.2.2 多层次、全方位的援助措施

由于居民缺乏自主进行楼宇复修的经验，特别是亟须维修的老旧楼宇中的业主大部分是年长的老人，许多大厦的业主在收到屋宇署的强制验楼通知时十分迷茫不知从何下手推进复修项目。加之对市场信息和施工流程的不了解，居民在复修中容易受到不良顾问公司的蒙蔽而遭受经济损失。因此，单纯依靠资金支持不能解决居民在维修过程中遇到的困难，需要多层次配合和

全方位指导的援助措施。

　　本研究梳理 25 栋已完成复修的楼宇案例，总结出当前香港居民在楼宇复修中面临的困境主要来源于四个方面：法团组织、资金财务、技术信息以及市场环境。并且有超过 2/3 的大厦业主面临的复修困境不止一处。

　　为了协助居民解决复修实施中的困境，民政总署和屋宇署以及市建局和房协提供了多种全面的楼宇复修的援助计划（表 4-4）。经过进一步整理和探究发现，这些援助计划涉及的帮扶方式多样，并涵盖了楼宇复修过程中的各个环节。多层次和全方位提供给楼宇业主较为完善的维修支援服务，提高了居民在复修中的积极性，并保障了施工的顺利进行。

香港楼宇复修援助计划一览表　　　　　　　　　　　　　　表 4-4

负责机构	计划名称	支援内容	楼龄条件
市建局 / 房协	《楼宇更新大行动第一轮》	公用部分维修费用	30 年及以上
市建局 / 房协	《楼宇更新大行动第二轮》	公用部分维修费用	30 年及以上
房协	《长者维修自主物业津贴计划》	年满 60 岁的业主分摊维修大厦公用部分费用	30 年及以上
屋宇署	《楼宇安全贷款计划》	个人业主用于公用部分维修及私人维修的贷款	无
		筹组法团资助	无
市建局	《楼宇复修综合支持计划》	公用部分维修津贴	30 年及以上
		家居维修免息贷款	30 年及以上
市建局 / 房协	《强制验楼资助计划》	聘请 1 名注册检验人员为公用部分进行首次订明检验的费用	30 年及以上
市建局	《"招标妥"楼宇复修促进服务》	公用部分维修提供自助工具手册、专业人士、电子招标平台	无

　　多层次的援助是指除了对复修业主和法团在经济上给予支援外，同时还在专业技术和信息咨询上给业主提供相应服务，以促进楼宇复修项目的高效实施。经济方面的援助，包括提供资金和减免利息贷款两种形式，减小业主维修的经济压力，鼓励业主积极参与复修。技术方面的支持，则为业主及法

团提供专业人员给予工程技术方面的指导，保证验楼和维修的工程顺利进行。信息方面的支援，包括向业主提供复修的有关文件、市场信息和维修案例的经验，并通过网站和电子平台的搭建指导和协助业主：搭建楼宇复修专业网站，为业主提供复修支援的查询及操作流程的指导；搭建电子招标平台，保证承建商的选定公开透明，防止围标情况给业主带来损失。

全方位的援助是指从业主立案法团的成立到维修工程的招标，全过程中均有相应的促进和服务计划。

多层次、全方位的楼宇复修援助措施极大地提高了业主参与楼宇复修的积极性，帮助业主养成主动检修的意识和习惯；从创造良好的楼宇复修文化环境入手，其为香港楼宇检修带来了长远的影响，从根本上缓解了旧区老化的问题。

4.2.3　楼宇复修实施的启示与不足

1. 楼宇复修是应对香港高密度更新挑战的有效缓解措施

政府支持的楼宇复修活动虽然开展时间较短，但是复修带来的效果十分明显，有效缓解了高密度旧区快速老化而带来的更新压力。从 2004 年出台具体政策措施至今不到 15 年的时间，通过各种援助计划复修完成的楼宇数超过3000 幢，是同期政府主导进行重建楼宇数量的近 5 倍。由于香港的楼宇复修组织方式是业主成立法团自组织展开的，因此缺乏楼宇维修专业知识和经验的居民在组织过程中经常遇到各种问题，政府的支援计划由此显得十分必要。在政府和法定机构不断扩大的支持计划下，香港楼宇复修取得了显著效果。虽然当前内地的城市更新仍以拆除重建为主要手段，但随着城市内高层建筑数量不断增加，也逐渐会出现楼宇维修的更新方法，香港全面、多元的支援措施对于内地城市而言可提供一定的参考和借鉴。

2. 激励制度设计对于全港推广楼宇复修十分必要

楼宇复修是适应香港高密度特点的特色更新方法，落实复修实施的重点在于动力措施的设计。在楼宇复修更新方法提出的前期，虽然《市区重建策略》指出了复修的重要性，但是由于缺乏促进公众开展维修的激励制度，仅依靠市建局和房协有限的资助计划无法实现复修活动在全港的推行。激励制度的缺失也会造成居民在复修中缺乏主动性，过度依赖政府的支援，从而带来私人楼宇状况变得更糟的风险。由此可见，督促居民主动修楼的激励制度设计十分必要。现时由屋宇署推出的强制验楼计划可视为督促和推进业主主动维修的激励制度，香港楼龄超过 30 年的楼宇约有 18000 幢，每年参与验楼和验窗的楼宇数量近 4000 幢，已在全港得到推行[114]。强制和鼓励并行的激励制度设计是实现楼宇复修全面推进的基础保证。

3. 楼宇复修文化的社会推广有待加强

香港当前实施的验楼计划和复修援助主要针对楼龄 30 年以上的楼宇，导致部分业主误解楼龄未达 30 年的楼宇不需进行维修，因而忽略为大厦进行预防性的定期检验以及妥善的楼宇保养。事实是，若楼宇业主对物业维修未雨绸缪，及时进行预防性检查和维修以保持楼宇的良好状况，可以减少日后大厦进行大量的修缮工程。从长远来看，预防性的复修也能从根本上解决香港楼宇老化的问题。因此，应当加强对于较低楼龄楼宇业主的复修宣传，制定相应的奖励和服务措施促进其尽早成立业主立案法团，并提高主动进行楼宇检验的意识。

当前，香港居民在复修中遇到的困境有相当一部分来源于顾问公司和承建公司的不诚信行为。因此，政府应当强化对建筑维修市场的规范管理，减少因顾问公司和承建商的不法行为给业主带来的损失，激励居民开展复修工程的积极性。由此可见，推广楼宇复修文化的关键在于加强对居民的宣传教育力度和提高市场的公开透明程度：一方面养成业主主动预防楼宇老化的意识，另一方面为业主提供良好的维修环境。

4.3 保育活化的实施措施及评析

4.3.1 分类进行的保育活化实施方法

香港保育活化的责任划分明确，重建区内保育活化项目由市建局负责进行。由于重建区保育活化项目数量较少，也不是市区重建活动的主要内容，因此，重建保育并未形成完整而细致的实施措施。保育活化项目采取分类实施的方式，通过总结自市建局成立以来实施的保育活化项目，可以将其分为四类：独立保育活化、重建区历史建筑保育活化、重建区一般保育活化以及重建区公共空间活化。市建局从成立至今共完成保育活化项目 16 个（表 4-5）。

市建局保育活化项目分类一览表　　　　　　　　　　　表 4-5

类型	名称	时间	保育 / 活化对象	活化后功能 / 变化
独立保育活化	上环坊项目	2002 年	1 幢爱德华式街市建筑（法定古迹）	"西港城"：手工艺中心、主题餐厅商店、活动广场
	茂萝街绿屋	2005 年	10 幢战前唐楼（二级历史建筑）	动漫基地、特色商店
	太子道西 / 园艺街	2008 年	10 幢唐楼（二级历史建筑）	商业及文化用途
	上海街 / 亚皆老街	2008 年	10 幢唐楼（二级历史建筑）	商业及文化用途
	中环街市	2009 年	1 幢街市建筑（三级历史建筑）	"城中绿洲"：公共休憩空间、商业零售
重建区历史建筑保育活化	船街 18 号	2002 年	1 幢上居下铺唐楼（二级历史建筑）	特色食肆
	和昌大押	2002 年	4 幢上居下铺唐楼（二级历史建筑）	古董店、传统食肆、酒吧
	皇后大道东 186—190 号	2003 年	3 幢上居下铺唐楼（三级历史建筑）	香港首个婚嫁传统文物馆、社区购物文娱中心"姻园"
	余乐里 9—12 号	2007 年	4 幢上居下铺唐楼（三级历史建筑）	商业及文化用途、公共空间
重建区一般保育活化	永利街 G7 中心	2003 年	1 幢住宅建筑及楼前的"台"	文化教育、艺术创意、慈善工程、公共交流空间
	余乐里 1—2 号	2007 年	2 幢上居下铺唐楼	商业及文化用途、公共空间
	威灵顿街 120 号嘉咸街 26 号 A—C	2007 年	永和杂货店、3 幢唐楼、嘉咸街市	零售市集、市集特色活动
重建区公共空间活化	上环东街	—	东街	重新铺地，改善指示牌
	百子里计划	—	绿地及垃圾收集站	"百子里公园"：革命历史探知园、雕塑及休憩游乐
	旺角街区活化	2011 年	5 条特色街道	改善人行道环境，增加绿化，提升旺角街区的氛围
	大角嘴街道改善	—	4 条街道	重新铺地，增加绿化

1.独立保育活化

独立保育活化是指市建局成立前期，由于保育责任尚未明确划分而进行的一些不在更新区内的历史建筑保育项目，如茂萝街"绿屋"（图4-8）。现在，市建局不再负责开展独立的保育活化项目，这进一步明确了市建局的工作重点和目标，同时缓解了市建局在财政上的压力。

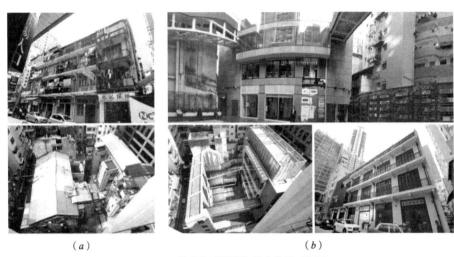

（a）   （b）

图4-8　茂萝街"绿屋"保育前后对比图

（a）"绿屋"保育前；（b）"绿屋"保育后

（资料来源：图（a）来源于：WANG H, SHEN Q, TANG B S, et al. A Framework of Decision-Making Factors and Supporting Information for Facilitating Sustainable Site Planning in Urban Renewal Projects[J]. Cities, 2014, 40（40）: 44-55.）

2.重建区历史建筑保育活化

重建区历史建筑保育活化是指保育处在重建范围内的法定古迹或评级历史建筑，依照《古物及古迹条例》的要求，市建局对于这类建筑的保育目的十分明确，典型代表有湾仔合源建筑公司及和昌大押。

合源建筑公司及和昌大押的保育是重建区域内保育项目的典型代表。两栋建筑分别位于船街18号和庄士敦路60—66号，均处在市建局庄士敦路重建项目范围内。合源建筑公司建于1887年，是一幢结合中西建筑特色的唐楼；和昌大押建于1888年，包括4幢唐楼建筑。它们同样属于家族私有建筑，均被评为二级历史建筑。

唐楼在中国香港、澳门、台湾以及岭南地区分布广泛，是成形于 19 世纪晚期的建筑形式，起源于欧洲，后经印度传入中国 [75]。庄士敦路重建区内的 5 幢唐楼设计工艺精湛，体现了中西结合的建筑特征。建筑的底层部分用于经商，上层部分为生活起居的空间，反映了 19 世纪初期香港的生活方式。

2007 年，市建局对位于重建区内的合源建筑公司和和昌大押进行了业权的收购，并采取了保育维修工程，修缮后将 5 幢唐楼的业权全部出售给私人开发商。经过开发商进一步活化后，合源建筑公司转化成为特色餐厅，和昌大押底层转化成为销售传统食品和古董的商店，其上层成为特色酒吧和餐厅。老湾仔的建筑公司和当铺的建筑形式均得到了完整的保留，与周边新落成的高层大厦交相辉映，在新旧交融中向湾仔变迁史致敬（图 4-9）。

 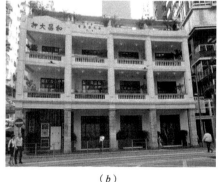

（a）　　　　　　　　　　　　　　　（b）

图 4-9　和昌大押保育前后对比图

（a）和昌大押保育前；（b）和昌大押保育后

（资料来源：图（a）来源于：李乔琳，杨箐丛，霍子文 . 城市更新中的集体回忆——对话香港市区重建局 [C]. 沈阳：2016 中国城市规划年会，2016.）

市建局在庄士敦路项目中积极采取保育措施，保留老香港的建筑元素。但是，由于保育建筑的业权最终落入私人开发商手中，建筑的阳台只在部分时间对公众开放，历史建筑活化后的开放空间无法实现社区居民的广泛共享，引发了一定的异议。

3. 重建区一般保育活化

重建区一般保育活化是指保育更新区内受到公众关注的集体记忆，对于这类未评级建筑和街区特色而言市建局的保育目标尚不明朗。出现过在重建项目引发居民和公众的强烈反响后再采取一定的保护措施的冲突现象，例如永利街和利东街两个项目。在公众要求保护集体记忆的呼声中，市建局主动进行了一般保育活化，例如保留并升级中环的嘉咸街市。

嘉咸街市位于中环，是香港最古老的街市之一，有超过 150 年的历史，街道两旁保留着原来的绿色铁皮小屋。"行街买嘢"的街市是香港独特的地区文化，早年香港中区附近分布着很多的市集。随着香港经济的腾飞，中环建设用地需求增多，在城市发展的大潮中许多街市消失了。现在香港中区仅剩下与中环商业区数街之隔的嘉咸街市，而嘉咸街市使得高楼林立的 CBD 充满了老香港的市井生气[115]（图 4-10）。

图 4-10　历史上的嘉咸街市

（资料来源：WORDIE J. Streets: Exploring Hong Kong Island[M]. Hong Kong: Hong Kong University Press，2001: 55-57.）

市建局于 2007 年在嘉咸街附近推出了重建发展项目。从严格意义上来说嘉咸街市不属于卑利街／嘉咸街重建发展计划的地盘，但是由于其位于重建地盘 B 和地盘 C 的中间，势必会受到重建发展的影响（图 4-11）。因此，为了避免街市受重建工程影响而消失，并保留嘉咸街的街道氛围，市建局特别成立了保育小组，由地区公众、区议会及专家共同参与商讨保护嘉咸街市的规划方案。采取的相应保护措施：第一，由于街景是维持街道氛围的重要元素，因此保留嘉咸街 26 号及惠灵顿街 120 号面向嘉咸街的外立面；第二，项目采取分地盘分期开发的方式，先动工地盘 B，期望继续经营的商铺可临时使用未动工的地盘 A/C 的空置店铺；第三，在地盘 B 规划鲜货零售中心安置受影响的传统商铺，并协助露天小贩消除安全隐患，重新设计摊位。

受到重建工程影响，嘉咸街市的热闹程度不如从前，为了提升街市活力，市建局开展了一系列的推广活动，例如嘉咸市集二重赏、日日送礼等。卑利街 / 嘉咸街重建项目开展至今已有近 10 年，未来仍有两个地盘的工程将陆续开展，嘉咸街市的保育工作虽然受到过一定的质疑，但是从目前来看取得了一定的效果。从嘉咸街市的保育中可以看出，重建保育的工作重点不仅是保留下旧区的物质空间，更重要的是传承历史沉淀下来的特色文化和传统气息。

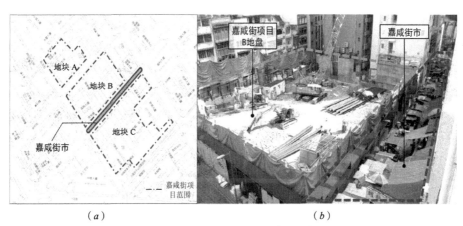

（a）　　　　　　　　　　　　　　　　　　（b）

图 4-11　重建项目地盘及嘉咸街市位置

（a）平面图；（b）位置关系图

（资料来源：KWOK M H. Urban Regeneration and Social Capital: A Case Study of Graham Street Market[D].
Hong Kong: Hong Kong University，2011: 62-64.）

4. 重建区公共空间活化

重建区公共空间活化是为了配合重建和复修，通过对公共空间环境进行提升而实现旧区整体环境的改善。公共空间活化手法有增加绿化、重铺人行路等。代表案例有百子里计划（图4-12）。

（a）　　　　　　　　　　　　　　　（b）

图4-12　百子里计划

（a）百子里公园入口；（b）百子里公园内部

（资料来源：香港市区重建局. 保育活化——百子里计划 [EB/OL]. （2011-09-26）[2017-07-10]. https://www.ura.org.hk. ）

4.3.2　保育活化实施的启示与不足

1. 重建发展中的保育活化意识不断强化并积极实践落实

在高密度建成环境下，特别是在重建发展的经济效益不理想的情况下，香港仍然能够保留下来大量的历史建筑和特色街区实属不易，这与香港社会和公众文化保护意识的不断加强是分不开的。这种意识不仅是对实体建筑的保护，同样也关注对社区文化氛围的保护，例如老旧街区的特色氛围和特色商业等。在这种氛围下，市建局在开展重建发展项目时对重建范围内历史建筑和特色街区的环境采取了一系列的保护修缮和活化提升的措施，体现出市建局在开展重建项目时不仅关注经济效益，同时注重提升市区重建的社会效益，保护城市的特色和文化。香港市区重建中的保育活化意识值得内地学习，中国内地大部分城市在旧区更新中常常忽视对城市文化遗产的保护，一方面源于公众的保护意识不足，另一方面源于政府的政策和措施不完善。香港的市区重建将保育活化上升到战略的高度，由市建局进行统筹实施，并通过组织专家工作坊和社区公众参与等活动来进行保育的规划设计，力图改善城市衰败地区建筑质量的同时，保留旧区的社区风貌和文化氛围。

2. 公众参与的制度设计有待进一步完善

重建区域内的保育活化项目的公众参与主要有两个环节，一是重建项目的反对和上诉阶段，二是规划设计的公众咨询阶段。公众在保育活化项目选定的前期没有提出意见的机会。现时香港更新区内保育活化项目的确定主要是市建局负责进行，以法定古迹和评级历史建筑名册为依据。对于街区特色商业氛围和文化环境以及未评级的集体记忆的保育，由于没有评判标准和依据而难以把握，也由此引发了一系列公众抗议。这种抗议主要来源于保育活化对象选定时社区内居民和社区外公众的参与度不足，因此，应当完善前期的公众参与措施和制度。以科学公开的方式组织保育活化对象的评审工作，在保障公众表达意愿的权利的同时，减少"过度民主化"对市区重建的阻碍。

第5章 香港市区重建的保障体系研究

香港高密度旧区更新在运行实施中的复杂性决定了其需要一套完整的保障制度来保证各个环节的顺利实现。香港市区重建的保障体系可分为法律、规划和资金三个层面。

5.1 法规层面

香港法治社会发展较为成熟，拥有比较完善的法律体系和制度。政府和社会机构的办事程序均依法进行，市区重建活动也不例外。香港市区重建在已有的法律条例约束下有序进行，并在更新不断演进的过程中出台了新的法律条例来保证公平公正，规范市区重建活动。

5.1.1 市区重建的法律体系框架

经过逐步完善与发展，香港市区重建形成了以《市区重建局条例》为主，有关市区重建的其他法律条例为辅的法律体系框架（图5-1）。从更新活动的执行机构组织方式、项目流程制定、公众参与以及奖惩措施等方面进行了详细规定。

更新的法律框架基础是《市区重建局条例》，它是市建局成立的法律根基，其订立的目的就是为了推行香港市区重建及相关更新项目而设立市区重建局。香港依法成立市区重建执行机构的行为始于土发公司，随着市建局的成立，《土地发展公司条例》被《市区重建局条例》取代而废除。条例中详细指明了市建局的组织构成、宗旨、权力和向公众负责的性质等机构设立的基本内容，并就市建局的财务安排、进行重建项目的规划程序以及土地回收进行了具体规定。《市区重建局条例》保证了市建局成立的合法性和工作的规范性，为其

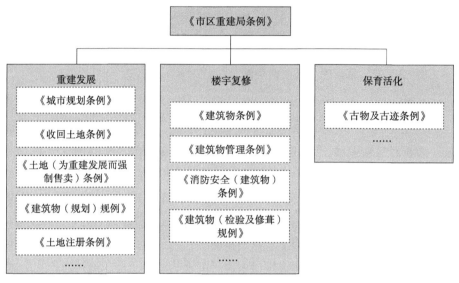

图 5-1　市区重建法律体系框架

日后组织、运作和管理提供了有力依据，因此其是香港市区重建法律框架的基础。

　　更新的相关法律是具体指导重建发展、楼宇复修和保育活化各项更新活动进行的准则。重建发展的相关法律主要包括《城市规划条例》《收回土地条例》《土地（为重建发展而强制售卖）条例》《建筑物（规划）规例》《土地注册条例》。重建发展计划或发展项目的规划程序、土地使用权的回收变更以及后期开发建设需要依照上述法律要求而进行。楼宇复修相关法律主要包括《建筑物管理条例》《消防安全（建筑物）条例》《建筑物（检验及修茸）规例》。对楼宇复修项目的业主立案法团成立和管理、业主责任、建筑物检验维修工程以及有关奖惩措施等具体环节操作都进行了明确的规定。重建区内保育活化的法律主要参照《古物及古迹条例》，根据法律对法定古迹和评级历史建筑的保护要求进行保育活化。

　　参与主体在法律强制力的管控下在市区重建活动中行使权利和义务，全面、完整的法律条例覆盖了香港市区重建的几乎各个运行环节，并对细节进行了明确规定。完整的市区重建法律体系是规范香港市区重建活动的重要依据，同时也为市区重建活动的顺利进行提供了根基保障。

5.1.2 市区重建的主要法律条例

1. 重建发展的主要法律条款梳理

重建发展的相关法律规定了参与主体的职能，并覆盖了实施运行的全过程。在项目选定阶段，《市区重建局条例》第 21 条和第 22 条分别规定了《五年业务纲领》和《年度业务计划》的申报及审批的程序。在公众参与阶段，《市区重建局条例》第 23 条规定了市建局项目的公布方式以及提供公众查阅的具体细节，第 24、27 和 28 条详细列明了公众对发展项目的反对和上诉过程。在土地回收阶段，市建局的土地收回参照《收回土地条例》的规定进行，并在《市区重建局条例》中明确指出市建局申请的收回土地是被视作公共用途的。这一规定强化了市建局重建活动的公益性，突出其重建宗旨是为了改善旧区环境和解决旧区问题。

市建局土地收回参照的法律条文与《土地（为重建发展而强制售卖）条例》规定的土地回收在性质上具有明显的区别。香港 1998 年为促进私人发展重建而出台《土地（为重建发展而强制售卖）条例》，并在第 3 条中指出拥有某地段超过 90% 的不分割份数业权即可申请强制售卖令，并且这一比例会在特别地段降至 80%。这一条例的出台是为了促进私人开发商自主进行重建项目的效率，然而其在解决香港旧区老化问题中存在较大的局限性。由于条例只能就单一地段的重建收购起到强制作用，加之私人开发商在应用此条例重建时考虑的多是地段的发展潜力而不会考虑重建带来的社会效益，因此对于大面积高密度的旧区更新仍需要以政府主导来进行。

2. 楼宇复修的主要法律条款梳理

楼宇复修由居民在政府的引导和协助下以自组织的形式进行，因而需要全面、细致的法律条例监督居民主动验楼维修和规范维修活动。在促进业主进行维修的激励制度方面，《建筑物条例》第 40 条明确规定了各种不配合强制检验计划的惩罚措施，从法律强制力方面监督和促进业主进行检验活动。在业主管理楼宇维修方面，《建筑物管理条例》从法团成立流程（第 6—8 条）、组织方式（第 3—4 条）、职责权力（第 14—19 条）、经费使用（第 20—28 条）等均进行了详细的规定，从法律的角度给予业主成立法团和管理楼宇工程法律层面的指导。在维修工程实施方面，《建筑物（检验及修葺）规例》就维修工程的标准和内容进行了详尽的规范，《建筑物条例》就违反有关规定的承建商的惩罚措施进行了订明。

3. 重建区保育活化的主要法律条款梳理

香港《古物及古迹条例》的第 5 条就古物古迹的管理进行了规定，明确指出要对古物古迹进行修葺、维修、保存或修复。香港目前属于法定的古迹共计 85 处，其余评级的历史建筑的保护不具备法律的强制力约束。市建局在进行重建项目时会对法定古迹和评级历史建筑进行主动保育活化。对于旧区文化和集体记忆的保护香港无明确的法律条例。

5.2　规划管理层面

香港市区重建规划管理体系的探究分为两部分进行：规划研究和规划审批。规划研究重点梳理香港为应对高密度问题而采取的规划手段，负责规划研究的机构及其工作内容。规划审批重点研究香港市区重建规划的管制办法，探究在香港现行规划管理体系下市区重建规划的审批情况。

分析香港市区重建的规划管理体系首先要对香港城市规划体系进行梳理。香港的城市规划体系可划分为三个层次：全港发展策略、次区域发展策略和地区图则（图 5-2）。其中，地区图则可分为两类：法定图则和部门内部图则。在香港只有法定图则具备法律效力，全港和次区域发展策略以及部门内部图则属于指导公共部门工作的行政计划而非法律条文。除了法定图则外，其他规划的制定不需要依据法定过程。香港城市规划的法定图则共包括三种：分区计划大纲图、发展审批地区图、市区重建局发展计划图。市建局的发展计划图是法定图则之一，可见香港对于市区重建在规划和法律层面给予了比较高的关注度。

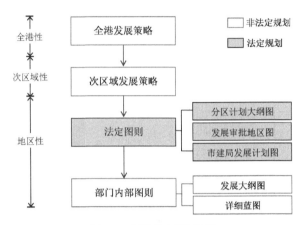

图 5-2　香港城市规划体系

5.2.1　适应高密度的市区重建规划研究

5.2.1.1　应对高密度问题的规划手段

如前文所述，在高密度建成环境背景下，香港市区重建面临的最大困境之一就是旧区的容积率已达发展上限，更新的潜力严重不足。目前，香港在规划层面解决这一问题仍处于研究和探索阶段，虽然采取了一定的规划手段，但是仍然未从本质上解决高密度旧区更新动力不足的问题。

总结以往香港高密度旧区重建的经验，主要采取了三种缓解地积比压力的规划手段。

1. 化零为整，减少道路用地来增加开发地盘面积

香港旧区的道路网密度较高，且道路用地属于政府所有，重建中往往将这些道路用地融入更新项目，将各个面积小的地块以及周边的道路规划成一个较大的体盘，用政府的道路用地来补贴更新后的项目地盘面积。位于中环的中环中心重建项目就是将旧区街道融入更新地盘，中环中心所在街区的面积和尺度明显超过周边其他街区。

这一规划手段的好处在于将本没有发展潜力的道路用地通过化零为整的手法提升了其更新后的经济效益。然而，这一手法在提高旧区更新潜力的同时也带来了一定的弊病：首先，更新后可开发面积的增加会继续提高旧区的人口密度；其次，会破坏香港原有的小街区密路网的城市肌理，影响整体城市风

貌；最后，道路密度的降低也会增大更新地块周边的交通压力，带来拥堵的问题。

　　以旺角朗豪坊更新为例，大体量的高层建筑与旺角老区街道的尺度有些格格不入，对于旧区的肌理带来了一定的负面影响（图 5-3）。狭长的小巷密布在整个旺角的老旧空间，承载了丰富的城市生活和社会活动。与女人街、金鱼街等旺角特色街道一样的雀仔街因朗豪坊重建项目而消失，虽然这条特色街道被异地保留了下来，但是朗豪坊重建项目仍旧给旧区风貌带来了很大的冲击。

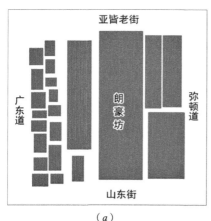

（a）　　　　　　　　　　　　　　　（b）

图 5-3　同一比例下朗豪坊与旺角周边街区城市肌理比较

（a）朗豪坊肌理；（b）旺角老街区肌理

　　2. 统一考虑，吸纳密度低的功能，适当增加开发容积率

　　密度较低的功能主要为休憩用地和市政设施用地，例如公园广场、垃圾站和公共厕所等。这类功能用地的密度较低，在进行更新规划时往往将其融入项目，例如将地面的公园改造成为建筑顶层的空中花园，来增加地盘内的容积率（图 5-4）。

　　这种方法的优点在于，增加更新地块的建筑面积的同时保留了原有的公共空间和设施。但是也存在挤占公众地面开放空间的问题：第一，减少了地面公共活动空间的面积；第二，建筑屋面开放空间的服务对象仅为大厦的业主，

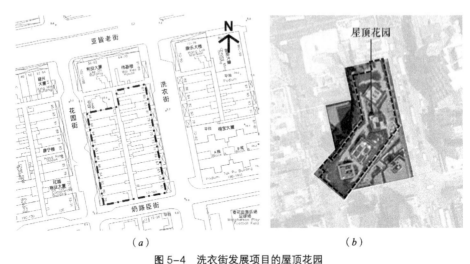

图 5-4　洗衣街发展项目的屋顶花园

（a）洗衣街项目平面图；（b）洗衣街项目顶视图

（资料来源：香港市区重建局.重建发展——洗衣街项目 [EB/OL].（2009-03-10）[2017-07-10] .https://www.ura.org.hk.）

公众无法共享。同时，与前一种方法类似，增大地盘建筑面积的方式无益于从本质上缓解旧区高密度的问题，反而会进一步加大人口集聚给城市空间和设施带来的压力。

　　3.整体规划，相邻的重建项目统一规划，增强更新效果

　　为了提高更新项目对旧区环境改善的效果，市建局在 2016 年的工作重点之一就是参考九龙城咨询平台的规划建议，对九龙城土瓜湾区进行了进一步的深化研究，提出了"小社区发展模式"的旧区更新规划理念。在九龙城土瓜湾的项目中将"小社区"联合发展的规划理念加以落实，把土瓜湾 5 个相邻的发展地块（DL-8、KC-009 至 KC-012）一并考虑，采取统一整体规划的方法（图 5-5）。

　　这种规划方式改变了以往"单幢楼"或小型重建项目存在的不足，从更大范围的视角统一规划开放空间和公共设施，期望为社区带来更大的裨益。从目前来看，"小社区"模式的重建方法落地指导性较强，对于社区环境的整体提升效果明显（图 5-6）。

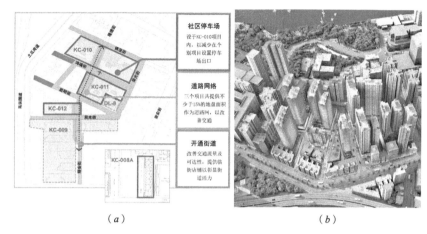

（a）　　　　　　　　　　　　　　　（b）

图5-5　土瓜湾"小社区发展模式"规划方案

（a）规划构思；（b）方案效果图

（资料来源：香港市区重建局.2015-2016市建局年报[EB/OL].（2016-08-14）[2017-10-14]. http://www.ura.
org.hk.）

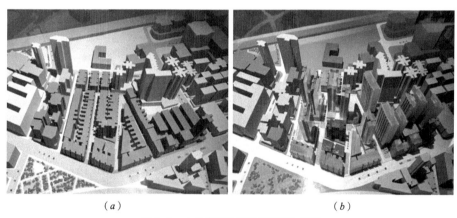

（a）　　　　　　　　　　　　　　　（b）

图5-6　土瓜湾项目重建前后对比模型

（a）土瓜湾重建前；（b）土瓜湾重建后

5.2.1.2　与民共议的市区更新地区咨询平台

香港特区政府为了加强地区层面的市区更新计划的研究，在新版《市区重建策略》中提出成立市区更新地区咨询平台（以下简称"咨询平台"）以负责更新规划的研究。咨询平台是在香港特区政府发展局主导下成立的独立机构，由政府公职人员、专业人士以及地区议会代表等多方成员共同组成。咨询平台经全面研究后形成的《市区更新计划》（图 5-7）是指导地区进行市区重建的规划方案，虽然其不具备法律效力，却是政府相关政策决策的重要参考，同时也是市建局确定项目范围以及制定业务纲领和计划的重要依据。

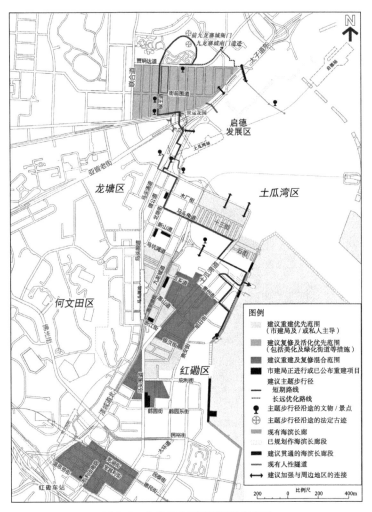

图 5-7　九龙城市区更新计划方案图

（资料来源：香港九龙城市区更新地区咨询平台.九龙城市区更新计划 [R]. 香港：九龙城市区更新地区咨询平台，2014：1-6.）

　　由咨询平台负责开展的研究主要包含三方面的内容：市区重建的规划研
究、社会影响评估和公众参与（图 5-8）。规划研究主要是确定某区域各类更
新活动的适合开展范围及优先顺序；社会影响评估为重建发展优先的区域提
供纾缓建议；公众参与是广泛征求区域居民意见，并以此为依据编制规划研
究的方案和社会影响评估的建议。三大研究内容中的两项是直接涉及重建社
区和受影响公众的，而且三个研究同期推进，相互之间资料共享、协作调研。
由此可见，咨询平台进行的市区重建规划研究充分表达了社区和公众的意愿，
也是香港首次全面了解公众更新需求而开展的规划研究。

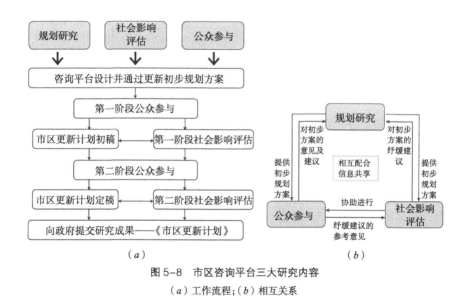

图 5-8　市区咨询平台三大研究内容
（a）工作流程；（b）相互关系

　　香港目前仅成立了九龙城市区更新地区咨询平台作为试点，并未继续成
立新的咨询平台，通过对规划署和市建局的访谈总结出其原因主要在于：咨
询平台研究成果，也就是地区更新计划的落地性和指导性较差。第一，咨询
平台的更新计划研究范围过大，涉及的居民意愿众多，因此若要全部落实其
研究成果需要几十年的时间；第二，咨询平台由于不是市区重建的直接实施
方，其更新计划对于市区重建的实际操作考虑有限，因此无法直接指导市建
局开展工作。

虽然咨询平台并未得到推广，但是九龙城咨询平台的试点工作中仍有许多值得发扬的地方，特别是公众参与部分。社会影响评估和公众参与部分的研究对九龙城地区的实际情况进行了细致且全面的摸排，组织了多轮向居民展示、咨询等公众参与活动。充分体现和落实了"与民共议"的市区重建方针，广泛了解区域特点和民意也为市建局后续的工作开展奠定了坚实的基础。其扎实的社区调研和全面的公众参与过程值得肯定和借鉴。

香港高密度旧区的市区重建规划研究出现了直接交由市建局负责的趋势。市建局于2017年启动了油麻地及旺角地区的研究，简称"油旺研究"。油麻地和旺角是香港高密度旧区问题表现尤为突出的两个区域：老旧楼宇数量多且基本都达到容积率发展上限。市建局研究范围的总面积约为212hm^2，涉及3345座楼宇，当中超过八成，即2700多幢楼宇楼龄达30年或以上。市建局就"油旺"地区的基础现状进行了全面和深化研究，针对该区的人口、社会和营商特点、楼宇状况及用途、地区历史与文化特色等进行了分析。市建局将以"油旺研究"作为指导工作的重要依据，来制定油麻地和旺角区域的《市区更新大纲发展概念蓝图》，把可行理念和执行模式的更新规划研究推展至更新工作的策略中。

香港为解决高密度旧区问题在规划研究层面从规划技术和研究机构等方面进行了积极的探索。增加开发量的规划手段虽然在一定程度上缓解了高密度旧区更新潜力不足的困境，但是并不能从根本上解决高密度带来的环境和居住问题，有效解决旧区问题的规划手段仍在探索；为了提高更新规划的落地指导性，负责机构经历了由独立机构到实施机构的转变过程，但是实施机构的规划研究仍在进行，无法评判。由上可以看出，香港市区重建行而有效的规划方式和方法尚在研究阶段，从根本上解决高密度旧区重建问题的规划研究仍需不断探索完善。

5.2.2 市区重建规划的审批管理

香港市区重建规划的管理审批是以现行的城市规划管制和审批要求为依据进行的。香港现行的城市规划实施管制分为法定管制和行政管制两种办法：法定管制是指城市建设活动需要依据法定程序对法定图则进行修改，由城规会进行规划的审核和批准；行政管制是指在符合现行法定图则要求的前提下，由行政部门（地政总署的地政处）进行规划的审批及管理。在此基础上，市区重建的规划审批也可分为法定和行政两个层面（表 5-1）。

市区重建计划审批管理　　　　　　　表 5-1

计划名称	规划管制类别	协助单位	提交/审批
《地区市区更新计划》	行政管制	规划署	发展局
市建局《业务纲领》《业务计划》	行政管制	规划署、发展局	财政司司长
市建局发展计划图	法定管制	规划署	城规会
发展计划总纲发展蓝图	行政管制	开发商	城规会
发展项目总纲发展蓝图	行政管制	开发商	地政总署

市区重建项目涉及法定管制的被称为"发展计划"，仅涉及行政管制的被称为"发展项目"。市建局的《五年业务纲领》和《一年业务计划》中对两类项目进行了明确的划分，二者的主要区别在于：发展计划需要对法定图则进行修改，而发展项目符合法定图则的要求。目前，市建局开展的 66 个重建项目中发展计划有 12 个，发展项目有 54 个。市建局的发展计划图是香港三类法定图则之一，其内容和地位与分区计划大纲图相似（图 5-9），因此市建局发展计划图的审批流程严格遵守法定图则审批要求。除此之外，发展计划的详细规划审批也较为严苛，需要提交城规会进行审批，而发展项目的详细规划是在签订卖地条款时提交地政总署进行审批。

重建发展计划首先进行修改法定图则的法律程序，而后才是具体更新规划的审批。市建局在刊宪宣布项目启动后需向城市规划委员会提供一份草图，经过公示、公众提出异议和申诉、提交行政长官及行政会议核准的过程后，最终成为法定图则中的一部分——市区重建局发展计划图（图 5-10）。发展计划通过法定图则申请的程序后进入发展蓝图制定阶段。市建局会与中标的开发商一同拟定项目的总纲发展蓝图，列明重建项目的建设细节。对于位于综合发展区的计划而言必须向城规会申报规划许可，而后提交总纲发展蓝图等相关材料。总纲发展蓝图经过一轮公众查阅并通过城规会批准后，发展计划

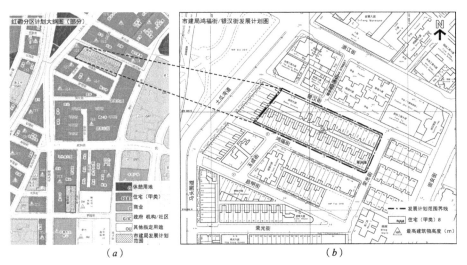

图 5-9　分区计划大纲图与市建局发展计划图

（a）分区计划大纲图；（b）市建局发展计划图

（资料来源：香港城市规划委员会.法定规划综合网站法定图则 [EB/OL].（2017-09-26）[2017-09-28].
http://www2.ozp.tpb.gov.hk.）

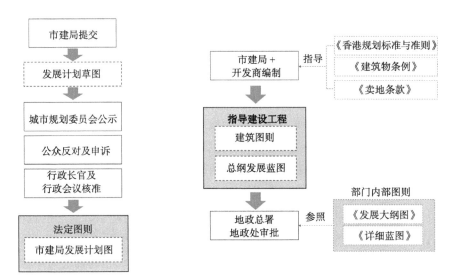

图 5-10　发展计划修改法定图则流程　　　　图 5-11　发展项目规划审批流程

正式进入施工阶段。

重建发展项目在完成土地重新拍卖后，其规划和建设过程与一般的建设项目相同，通过非法定的行政规划管制手法进行（图 5-11）。开发商拍得土地后与政府签订租用土地契约《卖地条款》，其规定了地块的位置、面积、建筑物高度、地积比率以及土地用途等内容，通过一定的审查保证租约条款符合法定图则及相关建筑物法例的要求。以《香港规划标准与准则》《建筑物条例》及《卖地条款》为依据，土地承租人即开发商需向地政总署的地政处提交项目的一般建筑图则及地块的总纲发展蓝图等指导建设工程的规划图纸，经过审批后标志着发展项目正式进入施工建设阶段。

5.3　资金支持层面

如前文所述，香港高密度旧区更新的盈利空间小，因此，财务的可行性一直是香港市区重建面临的关键问题。香港当前高密度旧区的市区重建资金来源主要有三个方面：政府的资金支持、私营部门的资金注入以及市建局自主进行的资金筹措。市建局负责统筹各方面投入的资金，在维持自身财政可持续性发展的同时，实现香港三种更新方式的顺利进行和关系的平衡。

5.3.1　资金的供给结构

1. 政府的财政支持

高密度的旧区由于开发风险高而无法吸引市场的资金，政府由此意识到必须改变旧区更新中依靠私人资本的资金供给方式。香港市区重建中政府财政支持是一个逐渐扩大的过程，经历了土发公司资金运作失败的过程。1988 年，政府向土发公司提供 3000 万港元的贷款作为启动资金。这为后来市区重建局成立后新的市区重建融资方式奠定了基础。然而，由于政府向土发公司提供的财政支持过少，除了少量的资金支持并无其他财政上的优惠策略。在土发公司时期，政府期望通过公共部门发挥杠杆作用，吸引更多的私人资金投入到市区重建中来，而并非直接通过政府的资金来调节旧区更新。这也就导致了土发公司不得不以商业运作模式来维持机构的运转，使得其与一般的私人开发商参与更新并无明显差别。特别是在1997—1998年亚洲金融危机爆发时，土发公司以盈利为目的的市区重建方式受到严重打击，在其最后推行的荃湾市中心项目中负债累累。

总结土发公司在经济上失败的教训，香港市区重建的资金供给方式随着市建局的成立而发生了一定转变，进入到一个新的时期。虽然市建局仍是自负盈亏的非政府机构，但是政府从增加注资金额和减免地价两方面加大了对其的经济支持。政府在财政上出台对市区重建支持的新措施改变了过度依赖私人资本的市区重建资金供给方式。

新时期政府对市区重建的财政支持主要表现在资金支持和政策支持两个层面。

一方面，政府在资金上直接加大对市区重建的投入。市建局成立之初政府直接向其注资100亿港元作为启动基金，是原土发公司的300多倍。注资的性质也有所改变，土发公司接受的是贷款形式的资金支持，需归还政府，而市建局只需保证其账面资金不低于政府提供的100亿港元即可。同时，政府向市区重建的实施计划提供直接的资金支持，在"楼宇更新大行动"计划期间，共计拨款35亿港元用来推进楼宇复修活动。政府的直接注资保证了市建局成立后能够迅速开展工作，作为首批项目收地补偿的启动资金，同时，也保证了市建局在财务上有底气以更新难度大、回报低的旧区作为主要工作内容。

另一方面，政府给予市区重建的执行机构市建局一定的财政优惠政策。《市区重建策略》中明确指出，市建局可以豁免重建地段及安置用地的地价。从市建局成立至今，政府共豁免33幅批地补地价，累计豁免地价总额超过152亿港元。同时，《市区重建局条例》中明确规定，市建局可豁免而无需缴纳《税务条例》中的征税。

2. 私人资本的投入

城市更新中私人资本是建设期的重要资金来源。以英国伦敦的道克兰地区市区重建为例，在1981年至1998年为期17年的更新期间政府公共部门共投入了39亿英镑，由私人开发商负责进行的商业和住房建设所注入的私人资本至少有87亿英镑[116]。由此可见，私人资本在城市更新的后期建设过程中至关重要。私人资本同样是香港市区重建尤其是在土地重新开发中主要的资金来源。

市建局在重建项目中为引入私人资本参与更新，设计了两种合作方式，分别是合资与投资。合资方式中，私人开发商的资金在重建项目开始时就要提供储蓄金，并承担收购补偿以及后续开发的全部相关费用。在合资开发的过程中私人开发商还需要保证市建局不会亏损，并将其所获利润的 50% 分享于市建局。投资方式中，私人资本在旧区的土地清理完毕重新进入市场循环后才被引入，为土地的重新开发进行投资。在投资合作的方式中，私人开发商以招标投标的形式支付土地出让金成为土地使用人，并承担建设过程中的工程费用。

目前，香港市区重建中对私人资本的引入基本全部为投资合作的形式。合资合作的形式少见的原因主要在于私人开发商只有在项目盈利的情况下才有兴趣提供资金，而政府和市建局又缺乏长效政策和落实机制来保证合资方式的落实。由此可见，私人资本是香港市区重建的后期才被引入的，承担了旧区重建开发建设的工程资金需求。

3. 市建局的资金筹措

除了政府向市建局注资的 100 亿港元以及私人开发商合作形式的资金投入，市建局也会自主进行更新的资金筹措，筹措方式主要为向金融机构贷款和发行债券。

在《市区重建策略》的指导下，市建局拨款 5 亿港元成立市区更新信托基金，为参与更新研究和服务居民的机构和组织提供活动经费。基金的主要用途包括，为市区更新地区咨询平台的研究及活动提供资金来源，为市区重建社区服务队提供经济支持。

市区重建的资金供给是保障香港市区重建工作有序进行以及执行机构顺利运转的基础。目前，香港市区重建的资金来源呈现出多元供给的结构特点。相较以往香港市区重建的资金来源，政府加大投入是主要变化，同时私人资本仍是更新建设中的重要资源。

然而，政府对市区重建的资金投入是短期的一次性注资，由此引发了进一步的讨论。政府认为向市建局注资可以增强市场的更新资金筹措能力，因此政府不需要长期提供资金拨款，也未向私人市场提供贷款担保。市建局负责执行香港市区重建活动时，缺乏政府长期的财政支持以及系统的资金供给机制。虽然政府对市建局进行的项目提出了豁免地价的优惠，但这并未直接使用政府的公共资金，通过对市建局规划及设计部的访谈也可以看出，政府对市建局提供的优惠政策十分有限，这使得市建局为了保证实现自给自足式的运行而无能力全部开展"公益性"的项目。

综上所述，香港市区重建的多元化的资金供给结构中，仍以市场协调为资本运作本质，并不依靠政府公共补贴作为主要资金来源。换言之，香港当前市区重建的资金供给方式是在市场调节的基础上，加强公共部门的资金引入和多元资金来源的支持。

5.3.2 资金的统筹分配

香港的市区重建需要对多元供给的资金进行统筹和调配来实现各类更新活动的平衡，主要原因是高密度旧区的重建发展、协助业主进行的楼宇复修以及重建区内的保育活化，这三种属于"公益性"的市区重建的更新活动没有盈利空间，全部需要依赖资金的支持投入才能实现。香港市区重建中资金的统筹调配由更新活动的执行者市建局负责。

市建局是非营利性机构，主动开展公益性的更新活动是其职责所在，也是市建局成立的初衷。位于观塘和大角嘴的两个"需求主导重建"项目由于物业收购成本高、重建后可增加的地积比率有限和建筑成本上涨的原因，市建局预计在这两个项目中将承担亏损额7.9亿港元。其中，协助业主进行楼宇复修的贷款和资助金额的数量已超过1.78亿港元，这其中还不包含投入的人员成本和技术成本。自成立以来市建局在保育活化方面的投入金额共计20亿港元，茂萝街"绿屋"保育项目的回收成本加修缮工程成本就高达1亿港元。这些项目不仅没有盈利能力甚至会出现经济亏损的情况，但是对于改善香港旧区快速老化的问题而言，其社会价值和环境效益是不可估量的。

市建局是财政独立的非政府机构，需要保证资金上的盈亏平衡和长远的财政自给。因此，市建局在政府优惠财政政策下需要开展一些有盈利可能的重建发展项目，并将盈余的资金投入到楼宇复修和保育活化活动中来，以实现长远运行的目标。据市建局年报显示，截至 2016 年 3 月，市建局的资产净值约为 295 亿港元，包含政府注资的 100 亿港元以及累计盈余 195 亿元 [117]。市建局能够以优惠的方式补偿业主，同时开展无太大回报的更新活动，主要依靠这些盈余资金。盈余的实现主要依赖于两个因素：首先，在市建局成立的 16 年中香港楼市保持兴旺态势，市建局在招标卖地和分红卖楼中获得了收益；此外，市建局前期开展的重建项目中有些老楼的地积比率较低，开发商的投资金额高于市建局的收购成本而获得盈利。

然而，由于市建局开展的亏本重建的项目数量越来越多，加之外部环境的不稳定因素，例如建筑开支上升、地产行业不明朗以及开发商竞投项目时出价保守等，使得市建局在更新资金的统筹分配上需保持谨慎和稳健。

5.4　保障体系的启示与不足

5.4.1　法律保障方面

1. 成熟的法治环境和法律框架保证了市区重建活动有序进行

楼宇的高密度造成了香港市区重建的复杂性，而法律层面的保障使得难度大的市区重建活动得以有章法地逐步展开。香港市区重建完善的法律体系框架离不开香港较为成熟的法治社会环境，从行政机构到社会公众都具有比较强烈的法治意识。完整、细致的更新法律体系是保障和规范市区重建活动的根基所在。从机构设置到规划程序，从公众参与到行政审核，从土地回收到重新建设，香港市区重建过程中涉及的环节和细节在法律上都有明晰的规定。相关法律条例在市区重建的运行中紧密配合，例如市建局发展计划的规划程序参照《城市规划条例》中的规定，发展项目的规划程序参照《市区重建局条例》中的规定。

目前，中国内地城市在城市更新和旧城改造方面颁布了一些相关制度的文件，为更新活动的开展在制度保障层面奠定了一定的基础。然而，大部分更新制度还处在原则性层面，针对旧城更新中的专项规划审批、产权变更、收购补偿标准以及土地重新分配等具体环节的配套政策和法规还存在一定的缺失。由于缺乏统一的法律制度规范，加之行政措施的不完善，中国内地旧城改造的试点区域在实施方面存在一定的差异，难以推广。深圳市在 2004 年颁布了《城中村改造暂行规定》，为城中村的更新在法律制度上奠定了良好的基础，但是由于缺乏与之相配合的法律条文而使得规划制定和公众参与等具体细节缺乏具体指导。例如，在拆迁补偿部分只是指出由建设单位负责承担拆迁补偿安置费用，对于补偿金额和补偿方式等具体细节都缺乏落实制度和措施。由此可见，中国内地在城市更新的法律法规制定方面还需要进一步地完善，特别是在实施细节的规范制定方面还存在一定的缺失，可从香港完整和细致的更新法律体系中得到一定的启发。

2. 缺乏针对性指导市区重建的专项法案

香港当前明确针对市区重建的专项法案仅有指导市建局成立的《市区重建局条例》和促进私人开发商参与重建的《土地（为重新发展而强制售卖）条例》。虽然在香港完善的法律制度下，更新的实施细节均有涉及和涵盖，但是缺乏针对性解决更新困境的专项法案。例如，当前香港旧区土地重新建设时以现行的建设法例为依据，缺乏指导更新的专项法律，使得更新后期建设与一般的土地开发在实质上并无明显差异，无法从本质上改变旧区更新风险大并且潜力不足的问题。香港的城市建设在法律管控下进行，法例的修订导致城市三维空间的变化，如前文分析这也是造成香港当前旧区更新困境的重要因素之一。因此，香港应当在适应现行的城市建设法律框架下制定针对性强的旧区更新专项法例，以适应香港市区重建的现实情况并指导化解更新面临的困境。

5.4.2 规划管理保障方面

1. 规划层面深入而广泛的公众参与有助于适应复杂的地区现状

深入老化严重区域进行调研有利于掌握由高密度引发的复杂地区状况，通过广泛的公众参与了解社区居民需求有利于提高规划方案的合理性和社会效益，同时降低实施过程中的阻力。从老旧楼宇数量分布最多的九龙城区的市区更新计划，到容积率余量严重不足的油尖旺区的"油旺研究"，香港市区重建的规划越来越注重立足于区域现状和居民需求。市区重建规划研究过程中方案设计、社会影响评估和公众参与三部分同步开展，相互之间的工作成果交流共享；初步的设计方案会广泛收集公众意见并对其带来的社会影响进行评估，且以此为依据继续深化和调整规划方案。

公众参与理念引入到中国内地的城市规划中已经近 20 年，但是在实际项目中的落实情况存在一定的缺陷和不足[118]。当前，中国内地大部分城市更新规划研究中的公众参与制度尚不健全，未形成完整的参与机制。内地在城市更新规划过程中应当借鉴香港的公众参与更新规划的制度和方式，把公众参与作为更新规划研究的其中一个研究专题进行展开，在规划方案设计中融入居民意愿，真正实现城市更新的社会价值。

2. 有效应对高容积率困境的规划手段尚在探索

香港市区重建规划研究的重点偏重于对于更新地块的划分和确定，对于更新后期建设规划的弹性管控不足。在高密度影响下城市旧区面临发展潜力不足的困境，应当通过更加明确的政策和规划手段来激发已经用尽的地积比率，为适应地区发展和适应市区重建需求而制定更具有前瞻性的规划框架，并对地积比率等管理指标进行一定的弹性调整。市建局在"油旺研究"中试图通过规划手段来提升该区的土地使用效益和重建发展潜力，例如研究转移地积比率及储备地积比率，寻找提升用途效益和规划参数的机会等。由此可见，香港逐渐意识到当前的更新规划研究缺乏对三维空间的弹性管控，出现了一定研究方向的转变，应通过不同的规划和技术手段使得更新计划更加灵活，提升旧区更新的潜力，激发市场更新的兴趣，并提高各方参与主体的参与度。

5.4.3　资金保障方面

1. 多元供给、统一调配的资金支持系统保障盈亏平衡

资金供给是影响香港市区重建进展的关键问题，可为无法盈利但是能够切实改善城市旧区环境的市区重建活动的开展提供坚实的保障。香港早期市区重建依赖市场调节，资金几乎全部由开发商提供，由此引发了后期旧区更新缓慢的问题。经过不断地探索，香港市区重建的资金供给在市场调节为主的基础上，增加公共资金、金融机构贷款和法定机构发行债券等多种融资手段，形成了多元供给的资金结构。多元的市区重建资金来源避免了单一出资方承担过重经济压力所引发的问题：既缓解了市场对更新调节失效的问题，又不

致于为政府造成巨大的财政负担。与此同时，香港成立市建局作为负责更新资金统筹分配的特定机构，在政府财政监督机制的管控下，实现市区重建非盈利与盈利项目间的平衡。通过合理的资金分配，保障有效缓解城市快速衰败问题的楼宇复修活动能够顺利开展，实现重建、复修和保育三种更新方式共同作用，应对高密度带来的市区重建挑战。

对于内地而言，可以学习香港增加城市更新融资的方式，通过合作伙伴计划来使得政府资金、私人资本与金融机构贷款在城市更新中共同发挥作用。在广泛吸纳资金的同时，降低各方在更新中投入的运作成本。

2. 长效的公共资金供给制度有待完善

从前文的论述可以看出，市建局的盈余主要来源于土地重新分配中的盈利，政府提供的资金支持是以本金的形式支持市建局获得土地市场的利润，并且市建局要确保这 100 亿港元本金在运作中不受损失。换言之，市建局在进行非盈利甚至亏损的"公益性"更新活动时使用的是其在土地市场中获得的盈余，而并非直接使用政府提供的公共资金。这种仍主要依靠市场调配的资金供给方式，使得市建局必须以稳健的财务策略进行更新活动，当面临香港旧区更新中日益增加的零盈利和负收入的项目时会显得力不从心。以油麻地、旺角为例，楼龄超过 30 年而地积比已达上限或超出现行规定而没有重建发展价值的楼宇达 300 多幢，如果全部交由市建局重建，以现时的重建补偿模式和规划限制条件来推算，市建局将面临高达约 1500 亿港元的亏蚀。

由此可见，香港特区政府需要为市建局提供更长久和持续的资金支持，设计和出台更为系统和完善的资金保障制度，增强市建局在更新中应对市场风险的能力和有序开展公益性项目的能力，以避免其重蹈土发公司的覆辙。

第6章 澳门旧城区保护与活化的基础研究

澳门地理位置特殊，空间资源有限，但其经济却因博彩业的支撑得以快速发展。澳门旧城区面临城市经济发展的巨大压力，但依然完整保存了具有葡萄牙特色的历史遗迹和具有中华文化传统的众多遗存，形成了华韵葡风的城市风貌。2005年，澳门旧城区的核心区域成功申请为世界文化遗产，其中原因值得探析。澳门旧城区也因具有此独特的现象和特点，而具有典型的研究意义。

本书的研究范围是澳门半岛在未填海造地前所开发建设的旧城区。该区域位于澳门半岛中部，区内完整地保护了中世纪时期欧洲小镇的城市肌理，价值丰富的老旧建筑和街区（图6-1白色线框区域），并对以上内容进行了积极的活化利用。

图6-1 澳门旧城区范围内部分城市肌理示意

而在此区域外是澳门半岛在 20 世纪 30 年代后借助填海造地工程拓展而得的区域。20 世纪 30 年代，由于爆竹、火柴等手工业的发展，澳门城市人口剧增，对居住空间产生大量需求，因此政府分别在澳门半岛东北角和西北角通过大规模填海的方式进行居住片区建设。目前，该片区经过几十年的发展变迁，设施严重匮乏，城市环境恶劣，亟待进行城市更新，而非城市保护与活化，并且该区域的路网布局和街区尺度已无葡人建设的城市肌理，缺少保护的特点和意义，不在本书的研究范围之内。

6.1　澳门旧城区保护与活化的基本环境

澳门旧城区保护与活化受地理、历史、经济和规划的影响较多，因此本节将从地理空间、历史文化、经济产业与规划制度四个方面进行澳门社会基本环境的分析。

6.1.1　土地匮乏及人口密集的地理空间环境

澳门（北纬 22°12'40"，东经 113°32'22"）位于中国大陆东南沿海、珠江口西岸，包括澳门半岛、冰仔和路环两个离岛[119]（图 6-2）。其中，澳门半岛是澳门的政治、经济和文化中心，冰仔岛和路环岛是新近开发的以居住为主的区域。如今冰仔岛和路环岛通过路冰填海区连接在一起，两者共同通过嘉乐庇总督大桥（澳冰大桥）、友谊大桥和西湾大桥与澳门半岛相连。

目前，澳门是世界上众多经济体中面积最小并且人口密度最高的地区之一。据澳门特别行政区统计暨普查局 2016 年的数据显示，澳门现今土地总面积为 30.4km²，人口总数达到 64.83 万人，人均土地占有量仅为 46.89 m²，远达不到中国内地城市规划中的人均用地标准（最低 80 m²/ 人）。此外，与深港两地相比，澳门土地面积仅占深圳土地面积的 1.5%，占香港土地面积的 2.7%，但其人口密度为每平方公里 21326 人，约是香港人口密度的 3 倍、深圳人口密度的 4 倍（表 6-1），并且人口中的 80% 以上集中于澳门半岛，澳门半岛人口密度达到每平方公里 55900 人。由此可见，澳门土地匮乏与人口密集的矛盾表现得尤为突出。

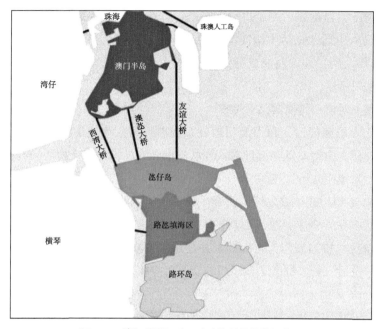

图 6-2　澳门特别行政区政府旅游局旅游示意图

深港澳三地土地面积、人口及人口密度　　　表 6-1

城市	土地面积（km²）	年末常住人口（万人）	人口密度（人/km²）
深圳	1996.78	1077.89	5398
香港	1106	737.5	6668
澳门	30.4	64.83	21326

资料来源：深圳市统计局 . 深圳市统计年鉴 2015[M]. 北京：中国统计出版社，2015：3-4.

　　澳门地区人多地少和密度超高的空间现状，导致澳门旧城区保护与活化在城市快速发展中面临巨大压力，保护与活化和经济发展之间的矛盾也日益突出。

6.1.2　葡人管控及殖民遗留的历史文化环境

　　澳门自古以来就是中国领土。400 多年前，澳门只是一个仅包括妈阁和望厦两个村落的偏僻小港湾，从 16 世纪中期澳门社会开始发生改变。15 世纪葡萄牙海上力量增强，开始进行远东航行，在向东侵占了印度的果阿和马来半岛的马六甲后，抵达中国南海的澳门。1535 年澳门正式开埠。在 1535 年至 1554 年之间，外国商船仅被允许在澳门短暂停留。1554 年后葡萄牙人被准许在澳门暂居。

1. 葡人对澳门行使实际管控权

葡人入居澳门后，利用澳门地处东亚航线与东南亚航线交汇处的优势，开始以澳门为中转站发展至日本、美洲、东北亚和欧洲的海上贸易。自此时起，葡人开始对澳门实行管控。

1842 年鸦片战争爆发后，澳葡政府加入英国的殖民行列，开始加紧在澳门的殖民扩张，企图变澳门为其在远东的新殖民中心。1845 年葡萄牙女王玛丽亚二世擅自宣布澳门为自由港，并任命新的澳门总督，开始推广一系列殖民政策。此后，葡人拥有了在澳门的实际管控权。

1974 年葡萄牙国内爆发"四二五革命"，迫使里斯本放弃殖民主义；随后宣布澳门是中国领地，葡人入居澳门期间仅暂时代为管理。1979 年中葡建立外交关系，后于 1987 年签订了《中华人民共和国政府和葡萄牙共和国政府关于澳门问题的联合声明》（以下简称《中葡联合声明》），就葡萄牙于 1999 年年末撤离澳门达成一致意见。自 1999 年澳门回归后，葡人对澳门的管控结束，澳门特别行政区开始实行澳人治澳。

2. 葡萄牙延伸制度到澳门适用

葡萄牙作为澳门当时的宗主国，在管治澳门期间，逐渐将其制度延伸至澳门。16 世纪葡人入居澳门后，澳门逐步成为受葡人管控的葡人社会，实行从葡萄牙延伸过来的殖民制度。19 世纪中期鸦片战争后，葡萄牙将其法律制度延伸至澳门试用，直至 1976 年，澳门成立自己的立法会前，一直沿用葡萄牙法律或葡萄牙政府专门为澳门制定的法律。1987 年签订的《中葡联合声明》规定，澳门回归以后将继续保持现行的社会、生活方式和经济制度 50 年不变。因此，澳门社会受到葡萄牙殖民制度长期且深远的影响，伴有葡萄牙资本主义殖民制度的典型特色：法律和私人产权至上。这一特色成为影响澳门社会活动的关键因素。

伴随着制度延伸到澳门的还有葡萄牙的传统文化、宗教观念等，尤其以葡人浪漫的文化保护和天主教文化为典型，这为旧城区的独特风貌和取得今日的保护成果起到了关键作用。

6.1.3　因博彩业而快速发展的经济产业环境

经济发展是城市发展的根本驱动力，经济环境影响着社会活动的诸多方面。澳门旧城区保护与活化工作起始于从葡萄牙延伸过来的资本主义市场经济体系，该体系间接影响了政府和业主、社团等之间的参与方式、权益分配方式等问题。

1. 经济发展阶段

澳门经济发展大致经历了繁荣、衰退、复苏和腾飞四个阶段（图 6-3），分别是 16 世纪中期至 18 世纪中期，从开埠到香港崛起前的东西方海上贸易中心阶段；18 世纪中期至 20 世纪 60 年代，海上贸易衰退阶段；20 世纪 60 年代至 80 年代，加工制造业发展和博彩业兴起阶段；20 世纪 80 年代至今，成为国际博彩业中心阶段。

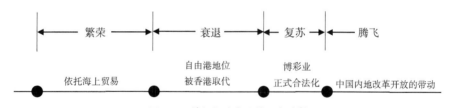

图 6-3　澳门经济发展的四个阶段

18 世纪中期至 20 世纪 60 年代，澳门经济处于衰退阶段。该时期由于荷兰占领了马六甲海峡，英国占领了香港，葡萄牙的海上优势被荷兰和英国的殖民力量超过。加上鸦片战争后，清政府开放了广州、厦门、福州、宁波和上海五个通商口岸，澳门在中国内地的海上优势完全没落。随后，为了谋求生存，澳门开始发展赌业、妓业、苦力贩卖和鸦片烟业等不法产业。但这些不正当产业并未给澳门带来繁荣的经济效益，反而使澳门陷入一二百年的经济衰退。

衰退阶段缓慢的经济发展是澳门旧城区保留完好的重要原因。澳葡政府在 1953 年便开始文物保护工作，而此前 100 年时间里，澳门经济始终处于衰退阶段，几乎没有因为经济发展而对旧城区造成任何压迫。正是因为澳门旧城区系统的保护工作起始于经济尚不发达阶段，此后出台的文物保护法令限制了经济复苏后可能带来的破坏，使得澳门在现今经济如此发达的情况下，其旧城区依然得以保护完好。

2. 外部政策和制度依赖

市场环境下，经济活动完全受市场调节，具有高度自由的特点。而澳门地理空间狭小，自身资源匮乏，内部市场缺乏稳定性，因此澳门的经济发展深度依赖外部市场政策和制度。细数澳门经济的发展变迁可以看出，澳门每次的经济腾飞或衰退多是由于外部环境的改变，一旦失去这些有利于澳门经济发展的条件，澳门的经济便会遭遇瓶颈，进入停滞或衰退阶段。如 16—17 世纪，葡萄牙的海上霸权和清政府打破海禁政策使澳门取得了一二百年海上贸易的繁荣；17—19 世纪中期，荷兰占领马六甲海峡和英国侵占香港，使澳门海上贸易中心的地位被香港取代。由此可见，澳门经济的发展受外部环境的影响较大。

这种经济发展过度依托于外部环境带动的现象透视出澳门经济缺乏内在动力和发展不稳定的问题。这导致除了某一时期集中爆发的经济增长对土地存在大量需求之外，其他较长时期相对缓慢的经济发展对土地需求较小的特点。这一特点减弱了城市更新的动力。而且澳门经济的大起大落决定了澳门经济活动对土地的供给有着快速、集中的要求，而这种要求无法通过渐进式的城市更新活动满足，因而在一定程度上促使了澳门几次大规模填海造地工程的开展，从而进一步削弱了澳门旧城区被拆除的可能。

3. 博彩业为主的经济结构

经历了长时期的经济衰退后，澳葡政府为了刺激经济增长，在 1874 年首次立法将赌博合法化，在 1961 年通过立法将博彩业完全合法化。此后，博彩业发展为主导产业，并带动其他相关产业的发展，实现了澳门经济的复苏。澳门回归以后，在中央政府的大力支持下，伴随着 2001 年年底博彩专营权的开放，澳门的经济结构呈现出博彩业"一家独大"的格局（图 6-4），其占澳门 GDP 的比重在 2006 年达到 33.4% 的高峰。在博彩业的带动下，澳门经济

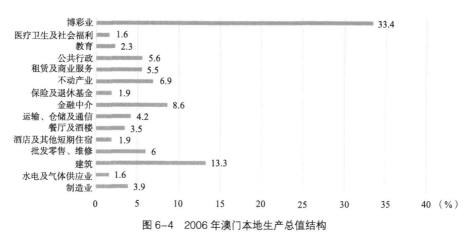

图6-4 2006年澳门本地生产总值结构

（资料来源：澳门特别行政区政府统计暨普查局.2007统计年鉴[M].澳门：光辉印刷，2007：247-255.）

实现了跨越式发展，一跃成为中国人均 GDP 最高的城市和全球最富裕的地区之一。

在博彩业产业规模不断膨胀的影响下，曾可与之抗衡的传统产业，如制造业和金融保险业则不断萎缩，其他城市活动如旧城区风貌保护与管理、旧城区新兴产业引进与区域活力激发也受到博彩业的排挤。

6.1.4 总规缺失及事权分散的规划管理环境

1. 缺乏全面、长远、持续的城市总体规划

澳门实际上并不如外界所以为的那样缺少规划、肆意发展。就澳门新填海区的面貌与澳门旧城区的保护与活化现状来看，澳门的城市发展呈现出一定的秩序和特色。这种现象在一定程度上得益于澳葡政府曾经制定的指导性规划、分区规划和小区规划。但是以上规划内容缺乏对全澳的统筹考虑和长远打算，并且多以政府内部文件的形式出台，不为公众所知、公开性不强、强制性不够。与规划体系完善的内地多数城市相比，澳门缺乏具有强制力的总体规划充当核心的规划依据。

2. 规划部门缺乏稳定性和明确事权

规划部门缺乏稳定性和明确事权主要是指澳门主管城市建设和管理工作

的政府部门经常更换或重组（表6-2），部门之间存在工作交叉和不确定性。从表6-2中可看出，自19世纪中期，澳门的城市规划工作曾由澳门工务局、澳门城市改善委员会、城市规划办公室、大型计划协调司、土地工务运输局及土地工务运输局下属的城市规划厅等六个部门管理，政府部门缺乏稳定性。

目前，土地工务运输局是主管澳门城市建设和管理工作的部门，除它外，部分规划事权也被分散在民政总署与建设发展办公室内。如据澳门特区政府网站显示，"建设发展办公室的主要职能是对区内大型建设、口岸基础建设及环保设施建设和升级等进行发展计划，并研究、跟进及开展与大珠江三角洲区域合作相关的建设项目"。以上建设发展办公室的主要职能表明，建设发展办公室具有负责澳门地区大型项目的权力。由于建设发展办公室和土地工务运输局都负责规模较大的项目，这导致部分规划权力在这两个部门之间存在重叠。

历年来主管澳门城市建设的部门　　　　　　　　　　　　表6-2

时间	名称	职能
1867年	澳门工务局	城市建设相关内容：包括市政工程、公共建筑、桥梁、码头、马路等的建造、检查和管理；对一切工程的技术、建筑和经济方面的条件进行研究
1883年	澳门城市改善委员会	制定有关澳门居民生活的城市建设活动的指导性纲要和具体措施
1975年	城市规划办公室	统筹城市化建设
1980年	大型计划协调司	澳门新市镇的城市规划
1989年	土地工务运输局	继续大型计划协调司的工作，并进行城市规划、建设、管理工作
1999年	土地工务运输局城市规划厅	编制城市总体规划及城市详细规划

通过从地理空间、历史文化、经济产业和规划制度四方面对澳门基本环境的梳理，发现澳门旧城区保护与活化产生于独特的社会环境中。该社会环境具有以下特点：①地理位置特殊，空间资源有限；②历史渊源独特，殖民文化对其影响深远；③经济长期发展缓慢，在形成以博彩业为主的产业结构后，

经济迅速腾飞；④规划制度相对不完善。这些特点成为孕育澳门旧城区保护与活化的专属土壤，进而使澳门旧城区保护与活化呈现下文所述的概况。

6.2　澳门旧城区保护与活化的现实特征

对于澳门旧城区保护与活化而言，保护是活化的前提，活化是保护的延续。对于旧城区内历史文化价值较高的建筑等多采取"保护为主，活化为辅"的策略，而对于历史文化价值较弱或者没有价值的建筑，基于保持旧城区整体风貌完整性的需要，多采用"部分保护，整体活化"的策略。因此，保护与活化概念不同，各有侧重，且相互依托。为了更清楚地分析澳门旧城区保护与活化的概况，本节将分别分析澳门旧城区保护和澳门旧城区活化的现状。

6.2.1　澳门旧城区保护现状

澳门旧城区经历了静态保护、法治保护和系统保护三个阶段，呈现出整体保护完好、文化特色突出的现状特征，同时表现出经济发展破坏城区风貌的现状问题。以下将从澳门旧城区保护历程、现状特征和现状问题三方面展开具体分析。

6.2.1.1　澳门旧城区保护历程

澳门旧城区保护与活化以文化遗产的保护与活化为主，因此对澳门文物保护历史进行回顾，即对澳门旧城区保护与活化历程的梳理。依据澳门文物保护工作的重要时间节点，包括法令颁布的时间和重要部门成立的时间，可知澳门旧城区保护历程共经过以下三个阶段（图6-5）。

图6-5　澳门旧城区保护与活化历程

1. 成立保护委员会的静态保护阶段

受二战后欧洲多个国家文物保护热潮的影响，葡萄牙开始重视文物保护工作，并把这种浓厚的保护氛围带到了澳门。在此影响下，澳门地区的文物保护工作始于 1953 年。1953 年和 1960 年，前后两任澳门总督任命了一个名为"确定现有的建筑文物"的委员会及一个负责"研究和提出适当的措施以保护和重视具有历史和艺术价值的文物"的工作组。由该委员会的名称及该工作组负责的内容可以看出，澳门旧城区的保护与活化始于对现有文物的静态梳理和统计，并着重于通过成立负责机构体现对文物保护的重视。但在该阶段，澳葡政府除任命委员会和工作组以作为研究机构外，并没有出台实际的保护措施，缺乏具有操作性的保护策略和实施手段，旧城区保护与活化仍停留在静态保护阶段。

2. 以文物保护法令为法律依据的法治保护阶段

文物保护法令是澳葡政府于 1976、1984 和 1992 年出台的三版与文物保护相关的法令的统称。成立工作组后，为从制度层面确立文物保护的法律地位，澳门总督以立法的形式于 1976 年颁布了第 34/76/M 号法令。这是第一版文物保护法令，该法令首次确定了文物保护清单，清单包括 91 项内容，并成立一个直属澳督，由政府和民间代表组成"维护澳门都市风景及文化财产委员会"。

1984 年，澳葡政府在第一版法令的基础上对文物作出了更准确的定义和分类，并作为第 56/84/M 号法令推出，废除了 1976 年颁布的第 34/76/M 号法令。该法令在第一版法令的基础上，对文物保护清单内容作了全面梳理和适当增减。

此后在 1987 年签订《中葡联合声明》后，葡萄牙政府希望在澳门这个被其管治 400 多年的城市留下昔日管治时期的辉煌。在此背景下，1992 年澳葡政府推出了第 83/92/M 号法令。该法令在 1984 年第二版法令的基础上调整了文物保护清单，并扩大了文物保护的类别。

1976—1992 年相继出台的三版文物保护法令基本形成了此后澳门文物保护的法律依据，奠定了澳门旧城区保护与活化的法治环境。此外，1992 年确定的文物保护清单一直沿用至今，成为确定保护项目和采取保护方法的前提。

因此，这一阶段是澳门文物保护走向法治化、制度化的重要阶段，也是旧城区保护与活化的良好开端。

3. 成立政府机构主导保护工作的系统保护阶段

成立主导保护与活化工作的政府机构是旧城区保护与活化走向系统化的开端。1982 年，澳葡政府成立了文化学会，作为澳门文化政策制定的公务法人机构。随后，伴随着澳门社会环境的不断变化，在 1989、1994 和 1999 年分别进行了三次更名以及组织和行政架构重组，赋予了文化学会在文化范畴内更大的权力：包括文物建筑甄别、修复和保养等。文化学会的成立意味着澳门文物保护工作走向了系统化阶段，澳门旧城区保护与活化工作朝着机制更健全、成熟的方向发展。

6.2.1.2 澳门旧城区现状特征

1. 旧城风貌完整

澳门旧城区从发展成熟至今，中间未经过大规模的新建和拆建活动，完整保存了欧洲中世纪时期的路网布局和依路网而建的葡萄牙特色建筑，呈现出完整的城区风貌（图 6-6）。

首先，不规则的路网、紧密的道路间隔和人性化的尺度是澳门旧城区在平面上的典型形态，其中尤以围绕教堂或广场形成的中心放射状的路网最为突出（图 6-7）。

图 6-6 澳门旧城区风貌　　　　图 6-7 三盏灯广场放射状路网

（资料来源：童乔慧. 澳门城市环境与文脉
研究 [D]. 南京：东南大学建筑历史与理论
博士学位论文，2005：24-27.）

其次，以教堂和公共建筑为代表的葡萄牙特色建筑成为澳门旧城区空间上的典型特征。据不完全统计，澳门旧城区悉数保存了建造于16—18世纪的20多座大小不一、风格多样的教堂，旧城区内的公共建筑也数量繁多。以议事亭前地为例，该前地是澳门活动较频繁的商业和文化广场，位于新马路南段北侧。广场周围是众多极富欧洲特色的公共建筑（图6-8），诸如民政总署大楼、邮政大楼、仁慈堂大楼、图书馆和旅游局。从民政总署门前向东北方向俯瞰，欧洲建筑和广场特色尤为明显。

（a）

（b）

图6-8　议事亭前地周边特色建筑

（a）仁慈堂大楼；（b）邮政大楼

（资料来源：澳门特别行政区文化局.澳门世界遗产资料夹[R].澳门：澳门特别行政区文化局，2005：62-65.）

2.文化特色突出

中西交融的城市文化是澳门旧城区在文化上的突出特色。具体体现在两方面：其一，高度集中的世遗景点和特色建筑在西式风格的基础上融合了中国元素；其二，西式教堂类建筑与中式传统建筑在布局上的兼容与共存。

第一，受利玛窦及其同时代西方传教士的影响，澳门的中式建筑很多都融合了西方元素，并影响了民居建筑。以最能体现这种风格的卢家大屋为例：卢家大屋是一座典型的中式大户人家宅邸，却融合了包括假天花和葡式百叶窗在内的多种西方元素。第二，除单栋建筑对中西方文化的体现外，旧城区内景点的空间分布也体现了中西文化的交融。如西式大三巴牌坊与中式哪吒庙相依（图 6-9），中式传统民居卢家大屋与西式天主教主教座堂相对（图 6-10）。

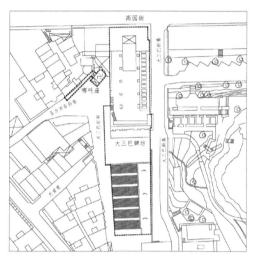 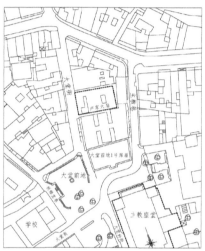

图 6-9　大三巴牌坊与哪吒庙位置
（底图参考：澳门特别行政区政府文化局 . 专题网站——文化遗产 [EB/OL].（2012-03-16）[2017-09-17]. http://www.culturalheritage.mo.）

图 6-10　卢家大屋与主教座堂位置
（底图参考：澳门特别行政区政府文化局 . 专题网站——文化遗产 [EB/OL].（2012-03-16）[2017-09-17]. http://www.culturalheritage.mo.）

6.2.1.3　当前澳门旧城区保护中的主要问题

经济发展对旧城区风貌的破坏是当前澳门旧城区保护与活化主要的挑战。澳门"赌权"开放后，博彩业为政府带来了可观的收入。2007 年，澳门博彩业收入达到创纪录的 103.3 亿美元，远超过拉斯维加斯地区。博彩业的经济重要性使澳门特区政府加大了对博彩业的政策倾斜和支持力度，将博彩业置于城市整体发展需求之下。2002 年，澳门特区政府将赌场许可证从 1 个开放至 3 个（由 6 个赌场经营者管理），随后，赌场经营者进行了大量赌场和酒店的建设，赌场数量从 2002 年的 11 个增加到 2008 年的 31 个，酒店房间从 2002 年的 8869 间增加到 2008 年的 16792 间 [120]。

这些新建赌场和酒店的超大尺度和"嫁接风格" [121] 完全改变了澳门旧城区华韵葡风的城市形象（图 6-11），其他跟风新建的办公楼和住宅也影响了主

图 6-11　2007 年澳门城市形象

（资料来源：朱蓉 . 澳门世界文化遗产保护管理研究 [M]. 北京：社会科学文献出版社，2015：107-126.）

要街道的景观和通风。澳门旧城区整体风貌因为经济的快速发展和随意建设活动而遭到破坏。

6.2.2　澳门旧城区活化概况

6.2.2.1　澳门旧城区活化的现状特征
1. 活化是保护工作的延续

澳门旧城区的保护并不是孤立的、"玻璃罩"式的保护，而是在对建筑或前地本身进行过加固、修复之后，增加功能和场景的置换，使受保护的建筑或场地依然可以融入澳门旧城区原本的生活系统和居民原本的生活状态中。如位于旧城区沙梨头片区的七栋民居建筑，在保护建筑外观、加固内部结构后，其功能被活化利用为图书馆，用作社区居民的阅览空间和举办社区小规模公共活动的空间。

2. 活化成为改善旧城区的主要途径

澳门旧城区未进行过大规模的动迁和拆迁，尤其是自 2001 年澳门历史城区开始申报世界遗产以来，对于一些功能退化的建筑和活力衰减的区域，采用了以深度的功能置换和场景更新替代这两种旧城区活化的主要手段。活化利用不仅成功地改善了城市的物质空间环境，而且为各种商业、文化等活动的举办提供了可能的场所，有效地改善了区域活力和居民生活的舒适度。

以大堂前地的改造活化为例。大堂前地位于澳门旧城区中部，其周围是被评为"纪念物"的主教座堂和被评为"具建筑艺术价值的楼宇"的 1 号房屋（图 6-12）。大堂前地改造前主要用作停车场，缺乏场所感和标志性。项目改造过程中，设计者综合运用中国传统"风水"理念和葡萄牙建筑风格，雕刻了记录城市历史的装饰墙，去除了交叉路口的锐角，同时在广场增加了座椅、雕塑等景观元素（图 6-13、图 6-14）。项目改造完成后，其与周围的 1 号房屋及主教座堂共同成为市民活动的核心区域之一。

图 6-12　大堂前地区位图
（底图参考：澳门特别行政区
政府文化局.专题网站——文
化遗产[EB/OL].（2012-03-16）
[2017-09-17].http://www.
culturalheritage.mo.）

图 6-13　大堂前地改造前
（资料来源：朱蓉.澳门世界文化
遗产保护管理研究[M].北京：社
会科学文献出版社，2015：126.）

图 6-14　大堂前地改造后
（资料来源：朱蓉.澳门世界
文化遗产保护管理研究[M].
北京：社会科学文献出版社，
2015：126.）

以活化的方式进行旧城区的生活条件改善，降低了政府在大规模拆迁时一次性的大量财政投入，使该批资金转而投入到历史建筑的保护与修缮工作中，进一步促进了旧城区的保护。

活化成为改善旧城区的主要途径的原因有两个：客观上，私有土地产权的碎片化，导致无法进行大规模城市更新，仅能够进行零散的微观活化；主观上，政府对澳门文化记忆的传承和居民对澳门旧城区环境的集体荣誉感，使澳门旧城区未能进行大规模拆除。

6.2.2.2　当前澳门旧城区活化中的主要问题

1. 活化对象过于集中在历史城区内而忽视历史城区外的活化

目前，澳门特区政府开展的活化再利用工作主要集中于"澳门历史城区"，而在旧城区内的非历史城区，保护与活化工作却进行得不尽如人意。一些同样具有文物价值的旧建筑却缺少维护，比如鸦片仓库、清末华商何连旺的仓库等，以及 20 世纪中叶的一些享誉盛名的酒店，比如东亚酒店、国际酒店等[122]。同时，一些反映澳门城市变迁的旧片区也没有得到良好的修复和活化，比如紧邻"澳门历史城区"西侧的内港区。

内港区虽然不在"澳门历史城区"的保护范围内，但在相当长的一段历史时期内是中葡混合居住社区，具有保护与活化价值。而且，内港区的内港码头造就了澳门作为国际商埠的繁荣，是澳门曾经的商业中心，具有保护与活化意义。作为居住中心和商业中心的内港区，区内集中了澳门多条历史街巷，且每一街巷均反映了在中葡文化的交融下城市演化的肌理，是澳门非物质文化遗产的重要物质载体。内港区发展至今，区内休闲娱乐场所和工厂均有搬迁，居住房屋多已破坏，基础设施落后，社区活力下降。但澳门地区却未对内港区及与其类似的区域进行活化利用，这些区域仍然处于破败阶段。

2. 博彩业对资源的"虹吸"造成旧城区活化时引入产业困难

博彩业"一家独大"的经济形态，虹吸了城市大量的优质资源，压缩了其他产业的发展空间，导致了与旧城区保护与活化相关的产业因缺少资源而得不到发展，最终造成旧城区因无法引入产业而导致活化困难的局面。而旧城区的活化需要在改善物质环境的基础上引入新的产业，才能够重新激发其活力，尤其是适应已建成区的占地小、规模小的产业，此类产业正是契合澳门旧城区活化的产业。澳门旧城区空间狭小，人口稠密，因此只能发展土地占有量少、附加值高的产业，如文化创意产业。为了在旧城区内引入文化创意产业，澳门特区政府曾在 2000 年开始着手文化创意产业的发展，但受博彩业影响，迟迟没有形成一定的规模和体系。由此可见，博彩业在一定程度上在产业引进层面上阻碍了保护与活化工作的开展，阻碍了机制从保护为核心向活化为重点的扩展。

以博彩业对资金的"虹吸"为例，阐述博彩业对旧城区产业发展的影响。博彩业对资金的"虹吸"造成了与澳门旧城区保护与活化相关的产业资本量不足。澳门产业发展的资金主要是外来资本，而其中大部分被博彩业占据，且这一比重逐年上升。这导致其他资金密集型产业未来的发展空间受限。数据显示，近年来与旧城区保护与活化相关的企业，数目虽然在增加，但总资本额却在下降，而且公司多是中小型企业，缺乏能参与保护与活化工作中的大型财团。这在一定程度上促进了民间资本因为能力不够而无法参与旧城区保护与活化的格局的形成。

6.3 澳门旧城区保护与活化的关键影响因素分析

6.3.1 以产业和土地为主的外部影响因素

外部影响因素是指未对澳门旧城区保护与活化及其机制产生直接影响，而在资金、产业、土地等其他方面发挥间接作用的因素。通过查阅包含以上内容的书籍，发现与澳门旧城区保护与活化相关的外部影响因素主要包括博彩业和填海造地工程。

6.3.1.1 博彩业

博彩业通过为政府带来高额财政收入，使政府有充裕的资金投入到旧城区保护与活化工作中，而成为影响保护与活化的关键影响因素之一。

1. 博彩税是澳门特区政府财政收入的重要来源

博彩业是澳门 20 世纪以来的第一大产业（图 6-15），由博彩业带来的博彩税则成为澳门税收的主要来源。澳门的税收种类包括直接税和间接税，直接税是澳门税收的主力，占税收总额的 80% ~ 90%[123]。而博彩税由于其高达 31.8% 的税率，成为直接税中的一种特别税，所占直接税的比重常年稳定在 80% 左右，进而成为澳门税收的主要来源。

博彩税是澳门特区政府财政收入的重要来源，经常性占财政收入的 60% 以上（图 6-16）。澳门的博彩税处于高速增长阶段，与之相应的是澳门特区政府的税收及财政收入也处于稳定迅速增长阶段。如 1999 年，澳门博彩税的收入约占澳门财政总收入的 28%，即使在 2008 年遭遇亚洲金融危机后，博彩税在澳门税收中的地位也未被撼动。

博彩税的高税收使澳门一直实行低税率制度，其余税收的比重不大。因此，博彩税成为政府正常运作及维持澳门各项基础建设、公共项目建设的有力支撑。

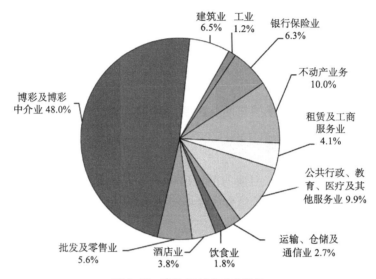

图 6-15 澳门 2014 年产业结构

（资料来源：澳门特别行政区政府统计暨普查局.2015统计年鉴[M].澳门：南海印刷，2015：179-190.）

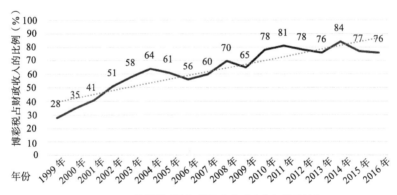

图 6-16 博彩税对澳门特区政府财政收入的贡献率

（资料来源：陈家辉.澳门土地改革法研究[M].北京：社会科学文献出版社，2012：15.）

2. 博彩税是文物保护资金的重要补贴

从上文可知，博彩税是政府财政收入的重要来源，也是由政府主导的文物保护费用的来源。虽然无法直接求证博彩税中到底有多大的比例被用于文物保护工作，但是正如一些报道所指出的，"如果没有博彩税的补贴，澳门特区政府难以负担文物保护工作及绿化工程"[122]。因此，正是源于澳门博彩税对政府财政的资金保障，政府才能够在民间资本参与不足的情况下，持续地进行历史城区的保护与修复工作。

6.3.1.2　填海造地工程

澳门近百年不断地通过填海造地的方式在新区逐步拓展土地，满足了城市建设对空间的需求。所以，城市建设的压力并未传到内城，旧城区较少由于城市发展而需要拆除重建。因此，填海造地提供了城市经济发展所需要的土地，减缓了拆除旧城区获得大量土地的压力，使旧城区的拆除得以幸免。综上所述，本书认为澳门的填海造地在一定程度上成为澳门旧城区保护与活化机制产生的推手，是影响旧城区保护与活化的特殊关键因素之一。

1. 填海造地成为拓展土地的主要途径

解决土地资源供应不足主要有两种途径，一种是拓展新的土地，另一种是更新现有土地。在两种途径中，选择其中一种便减弱了采用另一种的可能性。填海造地工程改变了澳门土地资源的供应方式，从而减弱了通过腾空旧城区获得土地的可能性，最终保障了旧城区保护与活化机制的产生。

澳门在自身发展空间十分有限的情况下，首选了第一种途径：拓展新的土地。这是因为澳门土地和空间资源严重不足。在现有土地和空间严重匮乏的情况下，选择更新现有土地只是解决燃眉之急，不能解决根本问题。因为经济不断发展，对土地的需求不断增加，仅依靠澳门原有的 11.6km² 土地远无法满足经济增长下城市建设的要求。因此，选择拓展新的土地是澳门城市的必要选择。

由于地理特殊、滩涂资源优势，澳门选择拓展新土地的方式是填海造地。填海造地在很大程度上解决了土地供给不足的难题。有资料显示，澳门土地面积自 1912 年初始的 11.6km²，逐步扩展至 2016 年的 30.4km²。这得益于从 19 世纪 60 年代至今，澳门进行的 8 次大规模的填海造地工程（图 6-17）。目前，澳门通过填海拓展的土地面积约是澳门最初面积的 2 倍。

综上所述，在城市发展的压力下，面临土地紧缺的现状，澳门进行了数次大规模的填海造地工程，该工程减弱了更新现有土地的可能性。

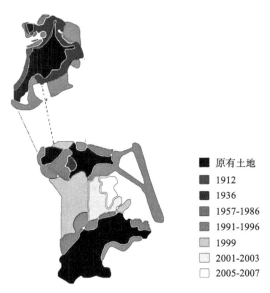

原有土地
1912
1936
1957-1986
1991-1996
1999
2001-2003
2005-2007

图6-17 澳门历年填海造地工程示意图

2. 填海造地减缓了旧城区土地重建的压力

澳门持续的填海造地减弱了更新现有土地的可能性，进而减轻了澳门旧城区拆除重建的压力，无意中间接促成了旧城区的保护。从20世纪初开始，澳门新的城市建设活动大多是在填海获得的土地上进行。如20世纪30年代澳门半岛东北部的填海区，是目前相当大规模的工业区；20世纪90年代凼仔大、小谭山的填海区，是澳门国际机场所在地。新的城市建设活动得益于填海造地获得的建设空间，避免了对旧城区的干扰，尤其是赌场建筑。赌场建筑一般体量巨大、风格奇异，如果不是位于后来的填海区，将会对澳门旧城区的城市风貌和整体形象造成更大程度的破坏。正如有学者所说，"大部分新赌场都建于新口岸及路凼的填海区"，因此大部分旧城区的遗产片段得以在城市的急剧发展中保留 [122]。

同时需要澄清的一点是澳门博彩业的发展并未如外界通常理解的"博彩业的发展极大地破坏了澳门旧城区的环境"完全一样。事实上，澳门博彩业虽然可以追溯至16世纪，但是真正起步于20世纪60年代的正式合法化，如今的博彩娱乐场也是在该时期以后才进行建设的。而澳门特区政府受二战后欧洲国家文物保护风潮的影响，已经在 19 世纪 50 年代有了旧城区保护的意识，随后便出台了具有严格控制作用的法律制度，不允许其他活动对旧城区内历史建筑进行破坏和损害。因此，澳门的博彩业并没有因为娱乐场所的建设而拆除旧城区的历史建筑和特色街区等，又恰逢填海造地的契机，赌场建筑基本避开了旧城区内完整的各类遗存。但赌场建筑的庞大体量和浓烈的色彩搭配仍然在一定程度上遮挡了旧城区的景观视线，影响了旧城区和谐优雅的城市风貌。

6.3.2　以法律和产权为主的内部影响因素

内部影响因素是指与澳门旧城区保护与活化直接相关，影响到澳门旧城区保护与活化的结果以及机制的产生与运行的因素。根据前文对澳门基本环境的分析，发现法律制度和产权制度是旧城区保护与活化进程中，影响其结果并伴随其始终的最为特殊和关键的影响因素。

6.3.2.1　法律制度

澳门的法律制度特色要求一切社会管理活动均以法律为依据。

1. 大陆法系成文法特色是澳门法律制度的根本特点

澳门的法律具有沿袭葡萄牙法律而形成的大陆法系成文法特色。大陆法系（又称成文法）承袭古罗马法，重视以法理上的逻辑推理来编纂法典，使法典具有详尽、完整的成文法，即大陆法系是先于案件之前制定的制定法。制定法要求法官严格依据法律条文进行司法审判，不可随意更改审判依据、程序和结果，不同于英美法系的判例法——根据以往案例的判决归纳总结出的法律，可根据新近案例的实际情况修改完善。因此，与判例法相比，成文法具有一经制定便不易修改和对社会活动具有严格约束力的特点。

大陆法系的成文特色为澳门城市发展创造了一个高度法治的环境，并且要求一切社会管理活动均需遵守法律规定，保障了社会的有序发展及政府对发展的掌控。

2. 双轨立法体制提供了普遍性和特殊性相结合的双重保障

双轨立法体制提供了普遍性和特殊性相结合的两套保障制度。澳门承袭葡萄牙宪政传统实行双轨立法体制，即除立法会外，行政长官也享有立法权。立法会的立法权表现为适用于澳门全域与各界的法律制度。行政长官的立法权，在澳门回归前表现为总督颁布的法令，回归后表现为行政长官颁布的行政法规。多数情况下认为，法律位阶最高，其次是法令，然后是行政法规。位阶较高的法律和行政法规颁布程序复杂，耗时较长。为了处理紧急事件，行政长官也可以命令的形式，针对具体情况制定位阶较低的立法性文件，不构成法律，称之为行政长官批示。一旦制定好的法律表现出对社会部分事件的不适性，颁布程序相对容易、耗时相对较短的行政法规和行政长官批示则成为有效补充，两者共同形成了一套完善的反馈机制。这一特点在旧城区保护与活化专项法律中表现尤为明显。

3. 文物保护法令是澳门法律制度在旧城区保护与活化方面的体现

文物保护法令是葡萄牙治理澳门期间其文物保护热潮的落实，是澳葡政府保护旧城区的重要法治手段。文物保护法令是澳葡政府在 20 世纪 70 年代至 90 年代出台的，从制度上定义文物类别和保护方法的法律，该法令是后来的《文物遗产保护法》的前身。得益于该法令的强制性效力，澳门旧城区保护相对完好。

6.3.2.2 产权制度

产权制度是指《中华人民共和国澳门特别行政区基本法》（以下简称《基本法》）和《物权法》等相关法律中对产权的规定，其中，与旧城区保护与活化直接相关的是土地私有制度和房屋共有制度。

1. 土地私有制度是促使澳门旧城区保留完好的根本原因

目前，澳门实行土地公有与私有两种土地所有方式并存的制度。公有土地多为政府通过填海造地所获得的土地，私有土地是为非公法人拥有的土地。澳门现有的私有土地由来已久，在法律上是指在 1991 年《土地法》修订以前，经澳葡政府依据 1929 年核准的《物业登记法典》所承认的由"纱纸契"土地转化而来的私有财产土地。就空间分布而言，私有土地主要分布在澳门半岛的旧城区内，占澳门土地总面积的 10%。

私人土地受澳门法律的绝对保护而造成的业权回收困难是旧城区保护与活化存在的前提及当前难点。澳门《土地法》第五条第一款明确指出，由非公法人拥有的土地，一概受私有财产制度约束。同时《基本法》第 31 条也规定，"澳门居民的住宅和其他房屋不受侵犯"。由以上法律条款可知，澳门旧城区私有的土地属性决定了每一块土地的所有权、使用权及处置权均受法律的绝对保护，因此当政府或开发商想要重建发展旧城区的某片土地时，需要征得所有土地所有权人的同意，即需要收回100%的土地业权。回收私有土地业权的困难，限制了政府和开发商取得成片土地的可能性，从而减缓了城市更新的进程，在客观上促进了旧城区因无法重建而产生的被动保护。因此，私人产权回收的困难是目前较为完善的旧城区得以保护与活化的根本原因。

同时，产权回收的困难产生了过犹不及的效果，过度困难的产权回收造成了同样须征得一定比例产权人同意的保护与活化工作成为当前政府工作的难点。因此，产权制度对旧城区的保护与活化是一把双刃剑，既是当前旧城区保护与活化存在的前提，也是当前及今后开展保护与活化工作的屏障。

同时，业权难以回收的另一关键原因是碎片化的产权分布导致的产权多元化。根据澳门的法律，不论男女，子女平等地享有继承父母遗产的权利。这导致旧城区的私有土地经过几十年的发展，逐渐传承、平分，每个地块的规模都变得很小，每片土地的所有权也可能有多个权利人。

首先，多元的产权关系导致难以找到物业的现有产权人。如图6-18所示，由于财产可自由转移、继承等，土地的业权关系在经过几代以后，会变得越来越复杂。一栋物业原本只属于一个人的土地，经过三代传承，现在涉及祖辈、父辈及子辈等八个权利人（图中深色文字）。此外，由于一些现实问题，如其中的某位权利人已去世，或传承过程中物业持有人信息未及时完成从祖辈到后代的更新等，找到这类物业现有产权人的工作相当困难。

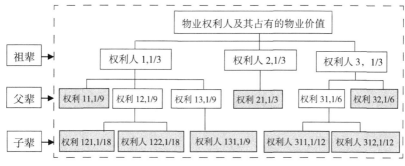

图6-18　产权关系及物业价值示意图

127

其次，多元的业权关系致使每个权利人只拥有极少部分物业价值，且多数情况下并非等额分配。如图 6-18 中所示的最终 8 个权利人，权利人 11、权利人 21、权利人 32、权利人 121、权利人 122、权利人 131、权利人 311 和权利人 312 分别占有的物业价值是 1/9、1/3、1/6、1/18、1/18、1/9、1/12 和 1/12。不均衡的利益分配增大了协调多个权利人的难度。由于每人所占份额较小，对土地上房屋保护与活化的积极性相对较小。

除上述的收回拟开发区域内 100% 土地业权存在困难外，法律对私有土地的绝对保护引发的征收问题是继产权问题后对旧城区保护与活化的另一重要影响。征收私有土地最大的困难在于和被征收人协商征收金额。在澳门，政府可以因公共利益的需要，且满足一定征收的前提下对私有土地作全部或局部征用。征收前提包括"穷尽一切私法途径"和"平等、公平和公正"的原则 [124]。这两条前提意味着双方应以协商的方式变换所有权，且征收方应给予被征收方符合市场标准的合理补偿。这一规定将被征收方置于主导地位，为被征收方提供了很大主动权。通常情况是无论给出多少的补偿金额，也不能让产权人满意。这一方面与澳门社会全员参与博彩业的特性有关，业权人抱有赌博的心态，当给出目前市场价值的补偿金额时，业权人会思量未来市场增值时自己则相当于亏损了，于是在这种观望的心态下，业权无法被强制征收。另一方面与物业的唯一性有关。所以，以协商方式取得私有财产所有权存在很大困难。最终的结果就是，除私有土地的所有权人外，他人难以取得私有土地，进而难以在该土地上进行一切城市保护与更新活动。

基于上述分析可以发现，在私有土地不断传承的过程中，旧城区内的私有土地规模不断变小。并且，由于私有土地制度的限制，私有土地回收比例的规定和多元产权关系的作用，小规模的地块无法联合开发。基于此，澳门旧城区在过去很长的时间内，不适宜大动作地发展，而只能零散地就地保护。这是澳门旧城区得以大面积保护下来的直接原因，也是根据目前的保护与活化机制制定保护活化策略时的根本依据。因此，土地私有制度是影响澳门旧城区保护与活化机制运行的关键因素之一。

2. 房屋共有制度成为制约保护与活化进程的阻碍

房屋共有制度是指两人或两人以上同时在一栋房屋上拥有所有权。其中，典型的是房屋分层所有制度，该制度是指以分层方式将建筑物分别给属不同人，各分层所有人除拥有专有部分，还共同拥有共有部分，一般是房屋的大堂、会所、结构等。通常情况下对房屋共有部分的处理，是保护和活化的关键。

对分层所有房屋的共有部分进行保护与活化时，必须由房屋的管理实体召开分层所有人大会（即业主大会），得到占分层房屋总值 2/3 的所有人的同意，才可以进行，并按照他们拥有的专有部分所占的比例，支付保护和活化费用[125]。这一规定虽然明确了管理实体和所有人的权利、义务，但由于法律程序繁杂，实际操作过程却很复杂。在召集业主大会、征集分层所有人意见和收取费用的任一过程中，都可能会因无法得到所有业主的同意而无法继续推进。

此外，没有哪位共有人愿意在自己只占极小份额的情况下，对 100% 份额的共有物进行保护。有业权没全权的状态，往往造成房屋"无人问津"。当涉及个人利益时，付出的比例与得到的回报成为房屋共有人的考虑重点。

通过对博彩业、填海造地、法律制度及产权制度四项关键影响因素的分析，形成如图 6-19 所示的澳门旧城区保护与活化关键影响因素图。从图中可以发现博彩业和填海造地属于非制度层面的内容，产权制度和法律制度是制度层面的安排。从"机制"的角度而言，制度层面的措施是值得借鉴的重点。

此外，前两个因素是外部的、特殊的、不可复制的偶发因素，是其他城市不可复制的澳门城市的特殊性。在后两个因素中，法律制度是澳门传承葡萄牙传统开展社会管理活动的依据和保障。产权制度是内生于澳门资本主义社会的制度，同时衍生于澳门从葡萄牙沿用的大陆法系。资本主义环境中法律对私有财产的保护和法律赋予公民的平等权利是形成现今产权制度的根本原因。因此，目前的产权制度形成于葡萄牙实际管治澳门之日，且运行至今，贯穿旧城区保护与活化的发展全过程。

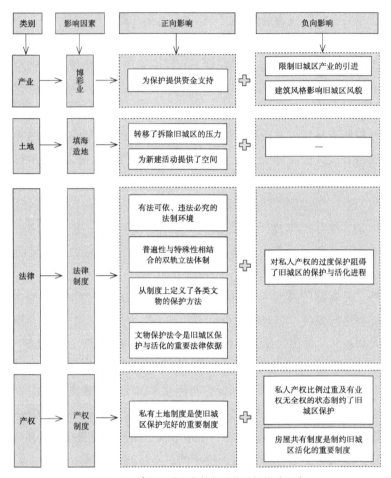

图 6-19　澳门旧城区保护与活化关键影响因素

6.3.3　产权形成的双重影响是保护与活化的关键

6.3.3.1　产权制度对澳门旧城区保护与活化的双重作用

产权制度对澳门旧城区保护与活化的影响主要体现在两个方面：第一，产权回收比例须达到 100% 导致的产权回收困难，减缓了城市更新的进程，阻碍了旧城区的活化；第二，产权分散而引发的产权多元化进一步加剧了产权回收或协商的难度。

而且，澳门的产权制度不同于香港，不具备一定的弹性。如图 6-20 所示，采取重建发展的策略更新某地块单元，由私人开发商发起时，产权回收比例原则上须达到 90%，但视更新项目实际情况，也可由行政长官特批后酌情降至 80%。而由政府背景的市区重建局发起更新项目时，发起时产权回收比例可以略低于 80%，但最终产权回收比例须达到 80% 以上才可进行重建。在由私人业主主动发起更新项目时，发起业主所占的产权比例和最终回收比例均须在 80% 以上。香港具有弹性的产权回收比例，为多方主体协商产权问题提供了回旋的余地，降低了出现"谈判僵局"的比率。

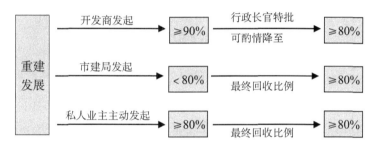

图 6-20　香港城市更新土地强制回收时的比例规定

　　澳门特区政府也曾借鉴香港土地产权强制回收的经验，针对回收比例作出过积极探讨。2005 年《旧区重整法律制度》拟将"须征得 100% 房屋和土地所有权人的同意"改为：在非政府划定重整区的重整项目，须征得重整单元内物业至少 90% 业权的私人同意；而在政府划定重整区内的项目，若私人业主主动发起旧区重整，须征得拥有重整单元内物业至少 80% 业权的私人同意；若由政府主动征收，表示同意的人所占比例达到 70% 即可（图 6-21）。但是这一比例的改变由于涉及对部分私人财产的侵害，违反了《基本法》保护私人房屋和土地不受侵害的基本规定和澳门社会严格依法行事的作风而遭到搁置。虽然澳门特区政府尚未探讨过旧城区保护与活化时产权回收的比例，但和在旧区重整方面作出的探索遭拒的原因一样，法律对私人权利的高度保护也会阻碍将来在旧城区保护与活化方面的探索。

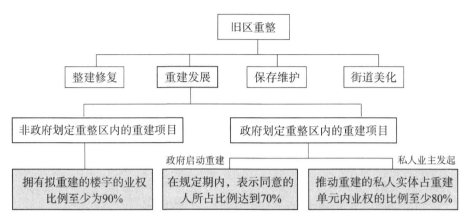

图 6-21　澳门旧区重整产权回收比例探讨

6.3.3.2　解决产权问题是后续工作开展的关键

产权回收或协商是保护与活化的开端，在澳门高度法治的社会环境下，是后续工作的前提。因此，产权制度是以上因素中对旧城区保护与活化影响最深远的重要因素。

产权问题不仅从源头限制了后续工作的进行，而且减弱了旧城区活化的可能，只能被动保护。但是澳门旧城区内的建筑现在面临的问题不仅是如何被保护，而是如何通过改善物质环境、注入新的产业和城市功能，被有效地活化，以适应城市现代化的发展。所以，在这种情况下，产权问题成为澳门旧城区保护与活化的关键所在。

因此，基于对"机制"的理解和产权制度对旧城区保护与活化产生的深远影响，后文将会从产权视角出发，重点分析其对机制中的参与主体和制度措施方面的影响。

第 7 章　澳门旧城区保护与活化的治理结构研究

本章重点分析在上述提及的产权制度带来的产权回收困难和产权多元化的双重影响下，澳门旧城区保护与活化机制的参与主体，包括参与主体构成、参与主体利益诉求与角色定位以及各参与主体关系。最后，以上述分析为基础，总结参与主体架构与关系模式的启发与不足。

7.1　参与主体及其角色构成

参与主体是指在机制运行过程中通过扮演某种角色、承担某种责任而发挥某种作用的单位、组织和团体，贯穿机制运行的整个过程。目前，由于产权回收困难和产权多元化对旧城区保护与活化造成的约束，澳门旧城区保护与活化机制的参与主体主要是政府机构，其次是民间组织和公众。

7.1.1　政府机构的主导

政府机构是主导澳门旧城区保护与活化的核心参与主体，其通过制定与执行相关政策，并确保政策的贯彻与落实参与保护与活化工作。目前，在澳门特区政府的架构下，旧城区保护与活化相关事务具体分散在以下几个公共行政部门：①文化政策制定机构文化局；②政府在文化遗产保护方面的咨询机构文化遗产委员会；③协调文化保护政策实施的规划机构土地工务运输局；④配合文化保护政策宣传、实施的工务法人机构民政总署。以上四个部门所属范畴不同（图 7-1），负责内容也各有侧重，以下将展开具体分析。

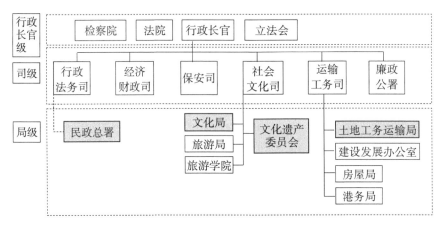

图 7-1　澳门参与旧城区保护与活化的政府机构

7.1.1.1　文化局

1. 文化局的由来

文化局由文化学会演变而来。文化学会于1982年由第42/82/M法令设立，性质为财政和行政自由的公务法人，目的在于通过开展中葡文化交流活动，来促进葡萄牙语言文化在澳门的普及，并协助澳门文化政策的制定。1989年，《中葡联合声明》签订以后，为了适应新的环境和发展，文化学会改组，更名为文化司署。重组后的文化司署承担文化政策规范的制定、文艺培训及文化推广活动的开展。1994年，文化司署再次重组，第63/94/M号法令调整了其组织和行政架构，并赋予该司署在文化领域发挥更大能量及运作能力的条件。1999年澳门回归后，文化司署更名为文化局，成为现时主导旧城区保护与活化的主要部门。

2. 文化局的定位及职权

文化局是社会文化司的下属机构，其宗旨是协助制定并执行澳门特区的文化政策，开展文化财产及具有文化价值的财产的保护措施研究，确保澳门地区文化领域及文化遗产保护的相关法规和措施有效贯彻、落实和执行。文化局在旧城区保护与活化方面的执行部门是其下属的文化遗产厅，该厅下设文化遗产保护处和研究及计划处，其中文化遗产保护处负责修葺、活化建筑文物；研究及计划处则负责建议启动文物评定等。

为将以上宗旨贯彻落实，文化局主要通过以下五种行为监督管理旧城区的保护与活化：①知悉不动产风险情况；②约束工程准照的发放；③约束被评定不动产上的物品张贴；④更改被评定不动产的使用功能；⑤实施具体的保护与活化工程。

上述文化局的权力受私人产权和法律制度的影响，仅覆盖已经过法律评定的文物保护清单和缓冲区内容。文化局的管辖范围包括"纪念物""具建筑艺术价值的楼宇""已评定之建筑群""已评定之场所"及缓冲内的其他建筑。在此管辖范围之外，未经法律评定的不动产属私人产权，文化局不具备监督管理权限，如有历史价值较高的建筑面临保护的问题，文化局须就具体项目与相关产权人协商。在文化局管辖范围内，其负责的保护与活化的具体工作是文化遗产保护计划、研究及推广，文物修复、活化、巡查及场所管理。

3. 文化局职权的演变

为了在复杂的产权关系下综合平衡多方利益，充分保证文化遗产在澳门的传承，文化局被《文化遗产保护法》（以下简称《文遗法》）赋予了更大的权力（图7-2）。首先，文化局的实际权力增强。2013年以前，文化局只能发出意见，主要由具有审批和执行权力的土地工务运输局和民政总署通过限制发放规划条件图和工程准照的方式落实保护工作，并且文化局的意见对上述两个部门不具备实际效力。2013年《文遗法》规定，文化局发出的意见具有强制性和约束力，其他公共部门须遵循文化局给出的意见进行项目审批和工程准照的发放。其次，文化局的管理范围增大。《文遗法》赋予文化局对属于文化遗产的不动产和文物保护区的所有工程计划，包括拆卸、更改、扩建、

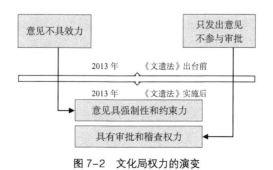

图 7-2　文化局权力的演变

新建、修复、保养以及加固等工程，都具有审批和稽查权力[92]。

如前文所述，经过《文遗法》的新规定，文化局的管理权限不断增强，管理范围不断增大，如今文化局已成为政府部门乃至全澳主导遗产保护与活化工作的核心机构。土地工务运输局、民政总署、法务局等相关公共行政部门，在处理与遗产保护相关事项时，必须保证文化局的参与或取得文化局的强制性意见。

7.1.1.2　文化遗产委员会

文化遗产委员会是社会文化司下属的文化遗产保护方面的咨询机构，担当文化局的顾问角色，依据《文遗法》就征询其意见的事项发表意见。文化遗产委员会成立于2013年，由新通过的《文遗法》设立，其组织章程由第4/2014号行政法规规定。该法规规定文化遗产委员会是代表政府、专家和公众多方利益诉求的综合性机构，其成员包括负责与旧城区保护或活化相关工作的公共行政部门的代表，如文化局、法务局、土地工务局及民政总署，遗产保护相关领域的专家学者及澳门地区具有影响力的社会人士。文化遗产委员会的成员构成决定了其是代表政府、公众和专家等多方利益诉求的综合机构，是产权多元化背景下协调与推进保护与活化项目的重要部门。

7.1.1.3　土地工务运输局

土地工务运输局是运输工务司的下属机构，负责在规划、土地、建筑和工程范畴内，提出本地区的使用及利用策略，是编制和实施澳门各类城市规划的机构。作为规划编制与实施机构，土地工务运输局为文化局提供保障旧城区保护与活化的规划管理制度，以及指导保护与活化开展的规划实施依据。

7.1.1.4　民政总署

民政总署是保障民政生活的公共部门，其目前的职权中与澳门旧城区保护与活化相关的是负责公共场所设施的维修、翻新和修复。而在2015年文化局再次重组之前，民政总署曾担负澳门地区部分文化职能，与文化局共同成为文化遗产保护的重点部门。

与上述三个政府公共行政部门不同的是，民政总署的性质是受行政长官监督的财政和行政自治的公务法人，是半自主半官方的自治机构，而非政府执行机构。由于其不是完全的公共行政部门，管理人员由政府官员和民间人士组成，既涵盖了部分公众的诉求，也使得政府利益和私人产权得到了一定的平衡。因此，在产权制约保护与活化的背景下，民政总署是代表政府听取民众建议的渠道，同时担任了政府与民众沟通协商的桥梁。

由以上对政府机构的分析可知，澳门旧城区的保护与活化在政府机构中形成了以文化局为核心，以其他公共行政部门为辅助的管理架构。文化局居于统领地位，土地工务运输局具有规划事权，民政总署代表民生诉求。其中，文化局的核心地位体现在两方面：其一，文化局是处理意见的枢纽，包括接收文化遗产委员会就征询其意见的具体事务发出的意见，及指导土地工务运输局编制规划和民政总署进行场所管理发出的意见。其二，文化局是保护与活化的执行机构，包括前期的文物评定、中期的工程实施以及后期的运营管理等全方面和立体的各项事务。

7.1.2　公众的广泛参与

公众是一个范围广泛、内容丰富的概念，下文将围绕参与旧城区保护与活化的公众进行展开，包括公众的分类和公众参与的演变两部分。

与澳门旧城区保护与活化有关的公众分为两类，一类是建筑的产权人，与保护和活化工作具有直接利益和责任关系；另一类是除业权人外的其他利益相关者，主要是指建筑的使用者和建筑、规划、历史等领域的专家学者。

澳门旧城区保护与活化中的公众参与经历了较少参与到浅层次参与再到深层次参与的演变历程。

1. 第一阶段：公众对旧城区保护与活化缺乏参与

早前澳门地区政府对普通居民建议的忽视导致了公众参与不方便，进而在客观上造成了居民对旧城区保护与活化参与不够的后果。旧城区保护之初，保护与活化对象多集中于具有文化价值的教堂、庙宇及公共建筑等，这类建筑的保护与活化，由于项目规模不大，牵涉主体并不复杂，不涉及普通公众的直接经济利益，澳门地区政府多征求建筑及相关领域的专家学者或知名民间组织和社会人士的建议，对普通公众的意见考虑较少。因此，也相应地缺少公众表达建议的途径与程序。保护与活化长久地集中于其他知名参与主体中，而普通公众被隔离在外，这一现象造成了公众对于旧城区保护与活化的较少参与的局面。

2. 第二阶段：公众由较少参与到浅层次参与

为了提升公众的参与度，澳门特区政府在着手申遗之际，通过举办内容丰富、形式多样的宣传推广活动提升了公众对于保护与活化的热情，进而促使了公众由较少参与向浅层次参与的演变。澳门特区政府分别面向全澳公众和青少年组织了多种类型的推广活动，包括展览、比赛和培训等。同时，通过建设政府公开咨询网站以及在重大事件时开展公开咨询会、巡回展览的方式，为普通公众的参与提供了途径与方法。如在制定《澳门历史城区保护及管理计划》框架时，澳门特区政府连续一段时间在几个重点场合举办了巡回展览，并在 5 个重点场所举办了 6 场公开咨询会。参与途径的方便性极大地提升了公众参与的热情，在咨询会期间，公众共提交了涉及城规、建筑、市政及交通等范畴的 756 份、5913 项意见。至此，公众以表达意见的方式达到了浅层次参与保护与活化的状态。

以上活动的举办不仅提升了公众参与的热情和参与深度，更壮大了澳门的文物保护队伍，同时使澳门的文物保护工作和运行机制在全民监督的环境下进行，进而增加了政府在保护文化遗产方面的公信力和可信度。公众受政府的影响，对私人物业的保护活化阻碍程度也有所降低，这为公众深层次参与保护与活化奠定了坚实的基础。

3. 第三阶段：公众由浅层次参与到深层次参与

目前，澳门居民除了通过上述方式参与大事件的抉择外，业权人也通过为政府及其他团体提供空间使用权的方式参与到旧城区的保护与活化之中。但提供空间使用权的参与方式较为浅显，参与深度不够。随着老旧建筑数量的增加和老化速度的加快，澳门特区政府逐渐开始探索以业主为代表的公众参与管理保护与活化项目的 PPP 模式。PPP 模式使得业权人的参与频次逐渐提高，参与程度也在逐渐深入。但是，由于客观上产权的私有特征，目前 PPP 模式在旧城区保护与活化中的应用并不广泛，仅两三栋建筑的修复与活化利用采取了该模式。

综上所述，虽然政府和公众通过活动举办、网站建设等主观上的努力改善了早前公众对旧城区保护与活化参与不够和参与不方便的问题，但私人产权的约束仍造成了公众参与意愿不高、公私合作的模式难以推广的局面。具体体现为：虽然非产权人的保育人士、政府部门等希望保留那些经过综合考虑的具有历史文化价值的房屋，但是真正居住于该房屋的产权人，由于物业的私有特性、多元产权关系及保护与活化所导致的经济效益受损等因素的影响，缺乏与政府合作进行保护与活化的意愿。

尽管目前公众对旧城区的保护与活化呈现出参与意愿不强的结果，但这一结果的呈现是公众经历了由较少参与到浅层次参与，再由浅层次参与到深层次参与的渐进演变后达到的。公众参与保护与活化的意愿呈现出逐渐提升的态势，旧城区保护与活化参与主体的构成也朝着逐渐完善的方向发展。

7.1.3 民间组织的积极协助

1. 民间组织的定位

民间组织作为从事社会服务的非营利性组织，借助其民间力量的身份，成为沟通政府机构和公众的有力桥梁。澳门社会具有典型的社团性质，民间组织众多，包括社会团体、民办非企业单位和基金会等。与旧城区保护与活化直接相关的有文物大使协会、口述历史协会、中华民族文化遗产保护基金会及澳门善导文化推广协会等。

2. 参与保护与活化的典型民间组织

文物大使协会是与政府合作较多的民间组织。文物大使协会的成立得益于澳门旧城区在申遗过程中为提升公众保护热情而举办的"文物大使计划"，该计划旨在通过培养具有专业文物导游知识与技能的青年学生，普及推广澳门文物知识。申遗结束后，这些经过培训的青少年基于对文物保护的热情，自发成立了文物大使协会。该协会自成立后，作为公共利益和私人产权间的润滑剂，帮助政府在面向公众培养文物大使、宣传文物保护法律、举办相关活动及物业管理等方面做了诸多工作。

这些工作的开展对旧城区保护与活化产生了两方面的直接影响。第一，使公众明晰了保护与活化的法律制度，为日后项目评定等法律程序的开展降低了阻力。第二，以民间组织的身份深入公众之中，削弱了公众出于对私人产权的保护而阻碍保护与活化的动力，减轻了日后产权回收或协商的困难。

以上两方面的影响使文物大使协会成为旧城区保护与活化的核心民间力量。

综合以上对政府机构、民间组织和公众的分析，可以发现在产权双重作用下，澳门旧城区保护与活化呈现政府主导、公众参与不深、民间组织参与较少、私人企业未涉足其列的格局。

7.1.4 参与主体构成的启发与不足

1. 政府具有调动多方利益主体的天然优势

复杂环境下，尤其是涉及经济利益的情况下，政府主导是推动事件有序发展的首要因素。相较于民间组织、社会人士或普通百姓，政府天然地具有平衡多方利益的优势和能力。因此，在产权的私有特性和产权多元化引发的经济冲突下，澳门特区政府授权文化局代表政府利益管理旧城区保护与活化的行为，值得其他城市适当地借鉴。

2. 共同利益诉求下政府部门间的良性互动是机制运行良好的关键

事权分散的行政架构下，促进文化遗产保护的共同利益诉求引发了部门间的良性互动。这种良性互动体现为文化遗产委员会、文化局、土地工务运输局及民政总署就遗产保护中规划、管理等诸多事项的反复来往。部门间的反复来往使得一种相互协作的机制得以建立，该机制成为旧城区保护与活化效果显著的关键。

3. 缺少私人企业的参与是当前参与主体构成的不足

澳门丰厚的私人资本未能与极其耗费资金的保护与活化结合起来，是当前旧城区保护与活化中参与主体构成的不足。澳门地区经济高度发达，私人企业拥有的资本量众多，尤其是占有 70% 以上外来资本的博彩业。根据对澳门文化遗产厅林继垣建筑师的访谈记录得知，博彩业很大程度上带动了澳门其他产业的发展，如赌场建筑内国际饮用水的使用促使澳门饮用水产业向国际标准看齐，但却未在自身发展过程中考虑到其赌场建筑身后的文化遗产等。如果博彩业的发展能够再为政府提供除财政收入外的其他帮助，以社会企业的身份参与到旧城区的保护与活化中，其自身影响力将会带动旧城区保护与活化走向新的阶段。

7.2　参与主体利益诉求与角色定位

7.2.1　参与主体利益诉求

1. 旨在传承历史记忆的政府机构

政府在旧城区保护与活化中的主要利益诉求是借由文化遗产的保护与活化传承历史记忆[126]。据对澳门城市规划学会会长崔世平的访谈记录和对澳门文化遗产厅林继垣建筑师的访谈记录得知，澳门特区政府部门认为文化遗产是城市发展的载体，通过保护文化遗产后人可以了解澳门曾经的城市风貌、文化习俗等，进而使城市有了历史文化的根，有了比经济发展更重要的文化底蕴。

2. 旨在获取经济利益的公众

以目前的情况综合而言，公众整体的利益诉求是通过物业的更新发展获取经济效益，而非原有物业的保护与活化。正如前节所述，产权人参与保护与活化的意愿并不强烈。建筑的保护与活化需要昂贵的资金成本，后期的维护、管理同样需要耗费时间和精力，而经营活动、产权转让与变更等又都受限于文化局关于保护与活化的规定。种种发展的限制成为公众参与保护与活化的一大阻碍。而非产权人关注的保护重点对象是象征着城市形象的地标性建筑，这类建筑具有较高的文化及美学价值，更记载了澳门居民的集体记忆，公众对这类建筑有着不惜牺牲发展潜力也要保育的强烈意识。但纵观澳门旧城区保护与活化的概况，这类建筑大多已得到了保护，现在更多的是牵涉到产权人的老旧建筑的保护与活化。因此，目前公众的利益诉求主要是经济效益的获取。

3. 旨在促进遗产保护的民间组织

与旧城区保护活化相关的民间组织的主要利益诉求是协助政府进行遗产保护。澳门社会民间组织众多，其宗旨各不相同，而其中能参与到保护与活化项目中的基本是对文化遗产保护怀有浓厚热情的。因此，这类民间组织成立的契机、宗旨或目的便是文化遗产保护。在这种热情下，民间组织往往借助其民间力量的优势，协调民众的意愿，以降低在澳门敏感的政治环境中由政府出面而引发的民众的阻力。

7.2.2 参与主体角色定位

政府、民间组织和公众由于自身特征和利益诉求不同而在旧城区保护与活化中扮演了不同的角色。同时，也存在一个参与主体扮演多种角色和多方主体共同扮演同种角色的情况。在澳门旧城区保护与活化的开展中，依据项目运作流程通常存在项目启动者、实施者、管理者和参与者四种角色。

7.2.2.1 政府机构的角色定位

政府机构在旧城区保护与活化项目中扮演综合性角色，具体包括启动者、管理者、实施者和参与者。前两者是主导角色，是政府的主要职能之一，后两者是次要角色，是政府在协助其他参与者的过程中扮演的角色。

1. 启动者

启动者是政府在旧城区保护与活化中扮演次数最多的角色。首先，政府是维护城市形象和促进社会发展的公共性机构，具有保护城市风貌和激发城区活力的使命，因此往往承担启动者的角色。其次，旧城区保护与活化事关多方参与主体，各主体运营理念、利益诉求不尽相同，需要具有综合分配城市资源，能够调动多方主体的政府部门从中协调。最后，也是至关重要的一点是，产权制约问题已经长久存在，只有具有公信力和可信度的政府出面从法律、政策或制度层面出台相关激励或保障措施，才能够促成项目的启动。

2. 管理者

政府机构对于已收回产权的小规模物业，通常扮演管理者的角色。政府亲自管理物业的原因一方面在于法律制度的限制，属于政府产权的物业交由他人或其他组织管理需要经过法律准许，签订一系列繁杂的法律文件，因此实施较复杂，对政府精力耗费较大；另一方面，政府希望借助自身力量，避免其他参与主体因对商业利益的追逐而忽略该物业中的历史文化价值。目前，文化局负责管理全澳 1/3 被评定的不动产。为管理上述不动产，文化局卜属的文化遗产厅设置了专门的管理小组，该管理小组负责物业的日常维护、定期保养以及其内商业的运营，包括游客咨询、产品讲解和售卖等。

3. 实施者

政府扮演实施者是指文化局及其下属的各厅事无巨细地负责旧城区保护

与活化的实施工程，包括结构维护、加固，室内水、电工程安装，立面修复，功能重置等。

4. 参与者

对于由民间组织或公众承担启动者或管理者的项目，政府会适当参与其中，在资金或技术上给予支持。如妈阁庙在 1874 年和 1875 年连续两年遭受火灾之后，在居民自发集资修复的基础上，文化局分别于 1883 年和 1888 年在资金上资助了该庙的重修。

7.2.2.2　公众的角色定位

公众在澳门旧城区保护与活化中承担启动者、参与者和管理者的角色。

1. 启动者

公众扮演启动者是指其主动寻求文化局或其他公共行政部门的帮助，进行建筑的保护与活化。《文遗法》第十九条规定："澳门特别行政区的居民，可以书面形式向文化局提交评定具重要文化价值的不动产的建议"。

2. 参与者

公众作为参与者是指公众不以主要责任人的方式出现，而是在项目过程中仅发表个人观点。曾经澳门旧城区的保护与活化基本上是一个非常集中的活动，缺少规定公众如何参与城市规划和文物保护的法律或条例，因此普通公众较难参与其中，参与其中的限于少数专业机构和民间组织。随着澳门特区政府的有意引导，公众扮演参与者角色的机会逐渐增加。

3. 管理者

公众作为管理者主要针对私人物业，由该物业的所有人在保护与活化工程之后，继续负责管理其物业。随着 PPP 模式的成功实施，公众的管理者身份逐渐被强化，已成为公众所扮演的最重要角色。

7.2.2.3　民间组织的角色定位

民间组织在旧城区保护与活化项目中通常扮演管理者和参与者角色。

1. 管理者

民间组织通常在属政府产权的较大规模的项目的管理运营阶段担任管理者的角色。规模较大的项目往往涉及事项复杂，消耗较大，此时将政府场地托管给具相应能力的民间文物保护组织，则这一托管行为须符合法律规定，法律上托管行为被称为将管理权判给他人。如文化局将位于大三巴牌坊后面的恋爱巷的管理权判给文化大使协会，由该协会负责其后期运营管理，包括制定管理计划和组织后期运作等。但由于澳门法律程序的规定，政府产权的物业交由私人组织管理涉及较多的法律文件，实际操作起来较为困难。因此，法律限制和产权问题成为政府机构和民间组织相互合作的阻碍，进而成为引进其他参与主体参与保护与活化运行机制的屏障。

2. 参与者

民间组织作为参与者，一方面是指其就有关全民文化的项目发出保护的声音，另一方面是指就与其利益相关的项目给出意见。前者类似于东望洋灯塔事件中热心团队交给世界遗产委员会的诉状，后者视具体项目而定。如在2004年大堂前地的修复设计中，澳门主教管区、中华寺庙协会和圣洁之屋三个民间组织便以利益相关者的身份参与其中。

7.2.2.4　小结

通过以上分析可知，同种角色可以由不同的参与主体扮演，每个参与主体也可以扮演多种角色（图7-3）。因此，政府机构、民间组织和公众在澳门旧城区保护活化工作中相互联系，互为助力，共同开展了保护活化工作，促进了保护活化机制的运行和不断完善。

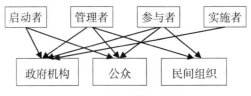

图7-3　参与主体角色定位

7.3　参与主体关系分析

参与主体关系是指参与主体在多次合作中形成的固定的合作方式，目前，在澳门旧城区保护与活化中形成了以政府为核心的一元主导模式和以公私合作为核心的 PPP 模式。

7.3.1　以政府为核心的一元主导模式

多元产权导致民间组织无法以宣传推广的方式完全降低业主对于保护与活化的阻力，民间企业无法跨越以协商的方式回收业主全部产权的障碍。在此影响下，澳门旧城区保护与活化机制形成了"以政府为核心的一元主导模式"，该模式是指在保护与活化工作中以政府的管理权力为核心，政府主导项目的开展。

在一元模式下，政府部门是保护与活化机制运行的核心力量，通过资金投入和人员支持保障项目开展，并通过扮演集启动者、实施者、管理者和参与者于一身的综合性角色，全权负责保护与活化的所有事务，包括项目评定、实地调研、资料收集、产权协商和工程实施等。

7.3.1.1　一元模式下保护与活化的效果评价

1. 保护与活化的质量优良

据对文化遗产厅工作人员的访谈得知，政府主导的保护与活化项目往往由于对历史记忆传承的高追求而达到高质量。政府希望通过保留待活化建筑或场所中与城市历史相关联的特色元素，将其作为城市发展脉络的载体，唤起全澳居民对城市历史的记忆和本土文化自豪感，进而使澳门在未来城市发展中追求经济效益的同时也具有深厚的文化底蕴。因此，政府主导的项目往往不计经济利益的得失，着重追求优良的保护与活化效果。

2. 保护与活化的速度缓慢

与质量优对应的往往是速度慢。出于对高质量的追求，政府在开展项目时，往往不急于求成，而是精心制作。因此，项目周期较长，通常耗时三至五年不等，保护与活化的速度缓慢。以沙梨头图书馆为例，该项目耗时五年，而在项目进行的前两年，政府一直致力于探讨旧建筑中值得保留下来的元素，未进行新的改造工程。由此可见，政府主导的一元模式下，旧城区保护与活化速度缓慢。

7.3.1.2　政府主导的一元模式案例——沙梨头图书馆

1. 案例简介

沙梨头图书馆的活化利用是以政府为核心的一元主导模式的典型代表。

沙梨头图书馆（图 7-4）位于澳门旧城区西北部（图 7-5），是该片区仅存的"吊脚楼"旧建筑群，具有澳门内港沿海区的建筑特色。该建筑的前身是私人拥有的七幢旧民居建筑，建于 20 世纪 30 年代，至今已有 80 多年的历史。活化利用前，这七幢建筑已荒废多年，年久失修，建筑结构和墙身均已出现危及行人安全的隐患，亟须维护和修复。加之该建筑是澳门为数不多的骑楼建筑之一，因此澳门文化局决定以活化保育的方式将其保留下来。

图 7-4　沙梨头图书馆活化利用后外观

图 7-5　沙梨头图书馆区位图

2. 政府启动项目

在一元主导模式下，文化局代表政府全权负责活化利用的各项事务。首先，文化局作为项目的启动者，亲自考察沙梨头图书馆所在的社区公共功能，并将该建筑活化后的功能确定为社区图书馆，以填补该区长期欠缺阅览空间的局面。随后，文化局与产权人沟通，协商产权回收事项。在产权回收无果的情况下，政府开始站在文化遗产保护的层面游说产权人。产权人感动于文化局的多次讲解和劝说，最终以通过租赁使用权收取租金的方式将该建筑此后五年的空间使用权交给了文化局。

3. 政府实施修复活化工程

文化局取得该建筑使用权后，其下属的文化遗产厅制定了活化利用方案，随后主导了保护与活化的改建工程。工程包括两个阶段：第一阶段是原建筑特色元素的筛选与保留。该阶段历时两年，期间文化遗产厅聘请工程队清拆沙梨头图书馆内部的结构，并将其中与历史文化相联结的元素一一筛检出来。

第二阶段是基于原建筑特征的改建。该阶段历时三年，重点工作包括建筑立面维护、建筑结构加固和建筑内部装修。

4. 政府负责图书馆运营管理

项目改造完成后，沙梨头图书馆被纳入了澳门的公共图书馆网络（图 7-6、图 7-7），由文化局下属的公共图书馆管理厅负责其管理运营。现今，沙梨头图书馆已成为沙梨头社区居民公共活动的场所，尤其受到孩童和老年人的青睐。

图 7-6　沙梨头图书馆的中庭空间　　　　　图 7-7　沙梨头图书馆的藏书空间

7.3.2　以公私合作为核心的 PPP 模式

政府主导的一元模式项目周期过长，对文化局的人力和物力消耗过大，政府考虑到社区团队的就地协商优势以及保护与活化项目根植于社区文化且对社区有益，因而希望将部分保护与活化项目交给社区团体进行管理和运营。因此，政府一直在积极探索一种多方合作的模式，目前表现出的是一种在小规模私有财产中政府和业主合作的 PPP 模式。

7.3.2.1　PPP 模式下政府和业主的地位与职责

1. PPP 模式的含义

PPP 模式是指公私伙伴关系，该模式是建设公共基础设施和服务项目的有利合作模式。从广义上讲，是指政府和私营部门利用各自的资源优势，合作提供一般的公共服务。在这种模式中，参与公共服务的私营部门，有助于释放政府部门来自于资金的财务压力，相应地，政府也可以降低私营部门的投资风险。

旧城区保护与活化项目中的 PPP 模式是政府和私营部门资源相互配合，以达到保护与活化目的的合作模式。通常情况下，PPP 模式用于保护属政府产权的物业[80]，该类物业规模一般很大，工作持续很长时间。而且，参与的私人部门多是民间组织，政府和个人的合作较少。但是，澳门特区政府正在探索的 PPP 模式是指在小规模私有财产中，政府与个人的合作。

2.PPP 模式下政府及业主的地位与职责

该模式下政府居于统筹全局的地位，扮演启动者和参与者角色，主要通过资金和技术支持协助业主进行私人物业的保护与活化，同时把控整个保护与活化项目的安排。业主处于协从地位，扮演管理者和参与者角色，主要负责为政府提供产权方面的便利和项目修复以及保育后的日常管理。虽然业主处于协从地位，但业主的许可是 PPP 模式成立的前提。因此，在确认采用PPP 模式前，征求业主的同意是政府工作的关键，获得业主允准后，政府才能够在该模式下发挥其引领作用。

7.3.2.2　PPP 模式下保护与活化的效果评价

1.降低了来自业主的阻力

PPP 模式降低了私人业主对保护与活化的阻力。PPP 模式是在保证私人产权的基础上进行的，通过让业主参与其中的方式避免了私人因为产权唯一性和私有性而产生的抵触情绪。因此，相较于政府主导的一元模式而言，PPP模式在处理产权问题时更加温和，同时减轻了政府需持续管理运营该项目的压力。

2.有利于实现多参与主体间共赢的目标

基于澳门目前的产权现状，PPP 模式充分体现了物尽其用和各尽其能的特点，有利于实现政府、业主及民间组织共赢的目标。

7.3.2.3　公私合作的 PPP 模式案例——德成按和龙华茶楼

当前 PPP 模式在澳门保护与活化项目中的应用，以澳门老当铺——德成按的保护与活化及龙华茶楼的修复最为典型。德成按老当铺的保护与活化探索出了政府与私人合作 PPP 模式具体的实施方式和路径，龙华茶楼的保护则创造了 PPP 模式中与业主协商的程序和方法。

1. PPP 模式在案例德成按中的体现

德成按是 PPP 模式在澳门应用成功的首个案例。德成按位于澳门旧城区中部的新马路（图 7-8），是富商高可宁的私人物业。它曾作为澳门最大的当铺（图 7-9），从 1917 年开业，一直营业到 1993 年，现改为展示澳门典当业发展变迁的"典当博物馆"和售卖澳门文化特色的"文化会馆"，被评为"受保护的建筑群"。其中，"典当博物馆"由文化局管理，"文化会馆"由民间社团租用。

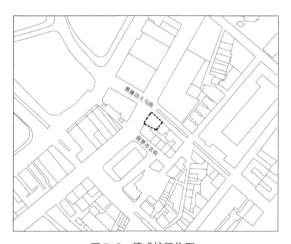

图 7-8　德成按区位图

图 7-9　德成按当铺外貌
（资料来源：澳门特别行政区政府文化局．专题网站——文化遗产 [EB/OL].（2012-03-16）[2017-09-17]. http://www.culturalheritage.mo.）

文化局在 2000 年发现了德成按内部仍保留当铺的原有风貌之后，便开始寻求与业主的合作，以保留典当业的历史意义。在保留私人产权的基础上，经过协商，达成政府和业主合作的 PPP 模式。合作方式如下：首先，在业主同意进行保护与活化的基础上，政府出资完成整栋建筑的修复和修缮；其次，业主让渡给政府部分室内空间五年的使用权，然后将剩余空间业主租用给民间社团，民间社团利用德成按的品牌售卖文化产品，将该部门空间活化利用成"文化会馆"。

2. PPP 模式在案例龙华茶楼中的体现

龙华茶楼是非文物保护清单内应用 PPP 模式进行修复的典型案例。龙华茶楼（图 7-10）位于澳门旧城区西北部的筷子基提督市北街 3 号（图 7-11），是澳门最古老的茶楼，距今已有六七十年历史。如今的龙华茶楼保留了茶楼的功能、内部结构和布局，成为了解澳门传统茶文化的首选场所。

图 7-10　龙华茶楼外貌
（资料来源：CHEN Z. V Public Private Partnership
（PPP）in Heritage Conservation:The Case Study of
Casa De Cha Long Wa, Macao[D]. Hong Kong：
The Vniversity of Hong Kong, 2013：40.）

图 7-11　龙华茶楼区位图

文化局工作人员在机缘巧合下发现茶楼已出现恶化的情况，尤其是屋顶漏水和窗户破损。于是，文化局与茶楼的业主协商，提出对龙华茶楼进行保育的想法，这一想法得到了热爱茶文化的业主的支持。

业主应允后，由于龙华茶楼属于私人物业，且不属于被评定的不动产，依法不属于文物建筑，文化局不具备要求业主参与保护其财产和承担相应责任的权限。因此，在后续保护工作的实施过程中与业主确认保育想法和协商保育要求是政府工作的重难点（图 7-12）。

在确认保育阶段，对属于私人产权且未被评定的不动产，业主拥有绝对话语权，如果业主不同意保护，文化局无权干涉该建筑的发展。在协商保育要求阶段，文化局须充分考虑业主对产权的要求，并给予合理的答复。该阶段的具体协商过程如图 7-13 所示。

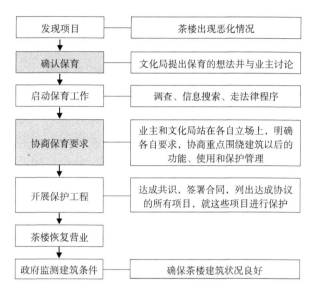

图 7-12　龙华茶楼保护项目实施过程

（资料来源：CHEN Z V Public Private Partnership（PPP）in Heritage Conservation:The Case Study of Casa De
Cha Long Wa, Macao[D]. Hong Kong：The Vniversity of Hong Kong，2013: 42.）

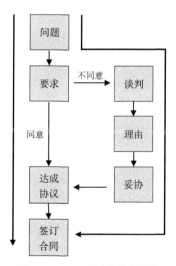

图 7-13　PPP 模式的协商过程

首先，明确需要解决的建筑问题。其次，业主和文化局站在各自立场上提出主要的保育要求。业主基于修复自己物业的出发点，提出的要求主要是政府解决茶楼建筑出现的结构和设施问题，如升级厨房设备、优化窗户材质等；文化局基于历史文化传承提出的要求主要是关于茶楼的管理和运营，如业主需保持维护后的条件，必要时免费将空间的使用权交由政府举办展览，茶楼出租或出售时政府享有优先权等。再者，双方就提出的要求分别给予对方答复。如无分歧，则双方达成协议，签订合作合同。如有分歧，则进入双方协商谈判阶段。最后，双方在分别提供合理解释的基础上相互妥协，最终达成协议，签订合同。签订合同即意味着政府与私人合作的 PPP 模式取得成功。

经过协商后，在确保私人产权的基础上，龙华茶楼的保护资金来源于文化局的年度预算，而保护之后的管理工作由业主负责。

7.3.3　参与主体关系的启发与不足

1. 政府主导的一元模式在保证机制有序运行的同时专断性太强

政府主导的一元模式在借助政府的权力和财力强有力地推进保护与活化项目的同时，一定程度上呈现出专断性的特征。澳门社会环境具有自由、多元的特征，对于完全由政府主导的项目，社会各界往往具有较大的抵触情绪。早前的保护与活化意见征集过于集中在部分知名团体和人士之间，即使后来进行了参与途径的扩展，最终对于公众意见的取舍仍由政府主导和决定，缺乏公众的参与和引领。

2. PPP 模式应用存在局限

PPP 模式在澳门旧城区保护与活化项目中应用的局限在于应用范围小、推广难度大、实施程序复杂。目前，该模式的应用范围主要体现在针对私人物业的政府和个人的合作中，对于产权归属政府或其他组织的物业，PPP 模式缺少应用，其原因在于推广难度大和实施程序复杂。由于法律制度的规定，对于产权归属政府的物业，民间组织和公众参与其中的难度较大、程序较为复杂，而对于产权归属后两者的物业，产权回收的困难和产权多元化导致政府参与其中的阻力也较大。

7.4　各主体参与作用分析

7.4.1　政府主导是机制运行的核心

政府主导的一元模式有利于减轻私人产权和市场经济对旧城区保护与活化的制约和破坏。政府的财政投入和在文化遗产保护与活化方面的优先权，从资金和权力两方面削弱了私人产权由于经济效益等原因而引发的阻碍和破坏。因此，资本主义市场经济环境和复杂产权关系下，从城市特色保护和文化建设的角度来说，政府主导的工作模式是澳门机制有效运行的核心。

1. 政府的财政收入是旧城区保护与活化工作的主要资金来源

与旧城区保护与活化相关的私人资本量不足和博彩业的"虹吸"效应导致了私人资本缺少参与保护与活化的实力和动力。在此背景下，澳门特区政府对保护与活化不断加大的资金投入保证了保护活化机制的有序运行。政府财政对旧城区保护与活化的投入，包括但不限于支付回收私人产权或租用私人物业的费用、补偿受损的私人权益、支付保护与活化项目的工程费用及后期保养、管理运营的费用。

2. 政府享有取得不动产的优先权

政府享有取得不动产的优先权的规定避免了逐利的市场行为对文化遗产的破坏。澳门市场经济发达，为了避免商业行为对文化遗产的不正当取得而造成的破坏不动产现象的发生，《文遗法》第四十条规定："对将要出售的被评定或待评定的不动产，以及位于缓冲区的不动产，或以该不动产作为财物清偿时，澳门政府具有取得该不动产的优先权"[127]。

7.4.2　部门间协作是机制运行的重点

政府机构中参与保护与活化机制运行的部门较多，因此，对澳门特区政府现有的管理架构而言，部门间的相互协作十分必要。下文将以改变被评定的不动产建筑功能和为不动产安装消防设施两件事情为例，详细阐述多部门协作在保护活化工作中的必要性和重要性。

第一，改变不动产的建筑功能需文化局和土地工务运输局协作。根据《文遗法》第三十三和三十四条的规定："经咨询文化遗产委员会意见后，监督文化范畴的司长具职权许可更改被评定或待评定的不动产的文化功能"。即文化局可以在建筑保护下来的基础上提出改变建筑功能来达到活化的目的，以缓解这种旧城区保护与城市发展的矛盾。虽然规定文化局可以改变被评定不动产的建筑用途，但是该地块的土地合同在土地工务运输局，如果不能获得工务局的准许，文化局事实上不能改变该建筑的功能。换言之，若没有土地工务运输局的配合，文化局也难以执行其改变建筑用途的权力。

第二，安装消防设施需文化局、土地工务运输局和消防局三个部门共同协作。其角色和分工非常明确，文化局批准保护项目，然后从消防局和土地工务运输局获得关于消防设施和疏散计划的反馈。由于消防局和土地工务运输局只关注于建筑规范和安全标准，若想实现较为理想的保护与活化的效果，需要三方的共同配合。

7.4.3　产权人配合是机制运行的关键

解决产权问题是保护与活化工作的开端，因此在产权回收困难和产权多元化的双重作用下，澳门旧城区保护与活化机制运行的关键在于产权人的配合。产权人若不配合现有土地回收和房屋保护活化时的比例规定，将使物业基本变成一个不可动的遗产，无法实现保护和活化的规划意图。

以未能取得产权人配合而无法开展保护与活化工作的一处民宅为例。该民宅位于马忌士街澳门文化遗产厅办公大楼的相邻地块内，地块内有包括该民宅在内的两栋以上的民宅。由于建造年代久远，建筑已出现屋顶杂草丛生的破败现象，为了维持城市风貌的完整性，文化遗产厅曾和该地块内民宅的产权人协商，以期进行保护活化。迫于无法成功联系到产权人的无奈，如今一栋建筑在产权人的配合下进行了建筑立面更新，而另一栋建筑由于产权问题而保持原状。这反映出私人产权人在保护与活化工作开展中的重要性和机制运行中的关键性。

第8章 澳门旧城区保护与活化的实施与保障体系研究

本章将从保障制度和实施措施两方面展开，分析澳门旧城区保护与活化机制的法律法规制度和规划管理制度，以及上述制度针对产权双重影响所采取的应对措施。最后，基于以上分析，总结在保护与活化工作中保障体系措施的实施成效。

8.1 澳门旧城区保护与活化的实施体系

澳门旧城区保护与活化的实施措施主体为法律法规制度和规划管理制度。在此基础上，澳门特区政府又出台了具有指引性和操作性的激励措施。

8.1.1 法规措施

明确产权归属是澳门法律制度和产权制度对保护与活化作出的要求，也是《文遗法》中有关旧城区内文化遗产保护的重要特征。澳门特区政府通过确定文物保护清单和划定缓冲区的方式明确了每栋物业的产权归属和文化局的职责权限。只有对列入文物保护清单和划入缓冲区内的房屋进行保护与活化，才符合法律许可。

8.1.1.1 确定文物保护清单

确定文物保护清单是法律层面开展旧城区保护与活化的重要措施之一。确定文物保护清单时，需要对未评定项目进行评定，在评定过程中，须由待被评定不动产的产权人就评定事项作出回应，以明确物业的产权归属，便于此后保护与活化工作的开展。

项目评定是依法保护旧城区内项目的必需步骤。《文遗法》第十七条规定，

"为依法保护具重要文化价值的不动产，须事先对其进行评定"。只有经过评定的项目，文化局才能对其采取保护措施。因此，项目评定是项目进入实施前至关重要的环节，项目评定的结果决定了后续实施保护要采取的方法。

评定不动产可按"纪念物""具建筑艺术价值的楼宇""建筑群"及"场所"四类进行。"纪念物"是指具有重要文化价值的建筑物及含文明或文化价值元素的组合体（图 8-1）；"具建筑艺术价值的楼宇"是指因本身原有的建筑艺术而具有保护价值的建筑（图 8-2）；"建筑群"是指因具重要文化价值、建筑风格统一、与周围景观相融合而划定的建筑物与空间的组合体（图 8-3）；"场所"是指具有重要文化价值的人类创造或人类与大自然的共同创造，包括具有考古价值的地方（图 8-4）[127]。

图 8-1 纪念物

图 8-2 具建筑艺术价值的楼宇

图 8-3 建筑群

图 8-4 场所

　　通知包括产权人在内的利益、权责相关者是项目评定的关键。利益权责相关者包括不动产所有人、文化遗产委员会及土地工务运输局等公共行政部门（图 8-5）。行政长官需在综合考虑以上权益相关者的回应或意见的基础上，公布评定结果。

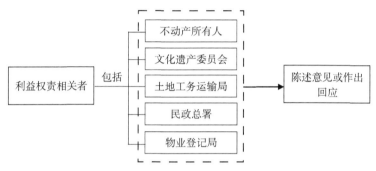

图 8-5　项目评定阶段的权益相关者

　　经过项目评定的不动产会被加入文物保护清单。1976 年，澳门地区政府首次通过文物保护法令确立了 91 项特色建筑等作为第一版文物保护清单；随后，经过两次修订，文物保护清单内容逐渐丰富，保护对象的范围也在逐渐扩展（表 8-1）。目前，全澳的文物保护清单共有 128 项内容，其中包括 52 座纪念物、44 座具建筑艺术价值的楼宇、11 组受保护之建筑群和 21 个场所[121]。

澳门文化遗产保护相关法令、批示列出的文物保护清单　　表 8-1

年份	法令 / 批示	清单内容
1953 年	—	个别具备文物价值的建筑
1960 年	—	个别的楼宇、宫殿、教堂和炮台
1976 年	第 34/76/M 号法令	91 项特色建筑等
1984 年	第 56/84/M 号法令	共分纪念物、组合体、地方三类 89 项
1992 年	第 83/92/M 号法令	共分纪念物、建筑群、场所、具建筑艺术价值的楼宇四类 130 项
2013 年	第 11/2013 号法令（《文遗法》）	共分纪念物、建筑群、场所、具建筑艺术价值的楼宇四类 128 项

加入文物保护清单内的建筑的保护与活化须符合《文遗法》中对保护方法的规定。规定主要围绕被评定不动产的拆除、迁移、使用、刻画或涂鸦、装置、保养以及出售等情况制定，核心要求是任何工程均须取得文化局的意见。

综上所述，过去五六十年整理文物保护清单一直是澳门地区政府的重要工作，也是保护与活化工作实施的重要手段。

8.1.1.2 设立缓冲区

设立"澳门历史城区"缓冲区具有为文化局提供管理权限的作用，是旧城区保护与活化的另一重要实施措施。据《文遗法》第五条规定，"缓冲区"是指为了维护被评定的不动产的观感，又或基于空间或审美整合的理由而与被评定的不动产不可分割的自然形成或修筑而成的周边范围[127]。如一旦确定维护保护对象周围的城市结构或景观的必要性，便可由行政法规核准后设立缓冲区。缓冲区内的新建工程或任何工程，取决于文化局具强制和约束力的意见。

8.1.1.3 提出具有针对性的行政批示

出台针对性批示是指在对澳门城市风貌或历史文化有重要影响或意义的区段内，以行政长官批示的方式出台具有针对性的实施措施。下文以针对东望洋灯塔区域制订的行政长官批示为例加以说明。

第83/2008号行政长官批示《订立东望洋灯塔周边区域兴建的楼宇容许的最高海拔高度》是针对东望洋灯塔所出台的具有针对性的实施措施。东望洋灯塔位于澳门旧城区东北角东望洋山的顶峰，是澳门半岛的地理最高点，曾经的军事防御重地，也是利玛窦以此为地理定位绘制第一张中文标注的世界地图的源头。在过去的一百多年间，东望洋灯塔为东来西往的无数航船指引了登陆珠江的方向，如今成为澳门定位世界的坐标和知名的世界遗产旅游景点，对澳门城市和居民而言具有不可替代的作用。

2007年，在距东望洋灯塔450m的南面新口岸136地段，建成了一栋高99m的办公楼，同时在距东望洋灯塔150m的西面，正在建设一栋高128m的住宅楼[92]。这两项建设活动对高180m的东望洋灯塔的"视觉通廊"造成了较大的遮挡，严重冲击了东望洋灯塔的景观，因此激起了澳门民众的强烈抗议。

　　这种情况的出现是由于文物保护法令只重视文物清单和缓冲区的确立，对于毗邻缓冲区的建筑并未提出限制性规定，这为外围的建设项目破坏历史城区整体风貌提供了可能。因此，为了制止周边区域对东望洋灯塔的景观破坏，并补救已出台法令的不足，2008 年澳门特区政府颁布了第 83/2008 号行政长官批示。该批示主要的内容是按周边各区域与东望洋灯塔的关系，以数字 1—11 定界和划分区域[57]，并制定不同区域的限制高度（图 8-6），以此来保护东望洋灯塔的景观。如在区域 1（图 8-7），随着距灯塔距离的增加，建筑物的最大被许可建设高度逐渐降低，从 52.5m 逐渐减少到 5m。越靠近海岸的区域建筑高度越低，以保证新建建筑不遮挡灯塔通向海岸的视线。

　　该批示出台后，东望洋灯塔周边的新建活动确实未对其景观造成更加恶劣的影响。受该批示限制，该区域周边的在建工程被迫停工，已批工程被无限期延后。对因此经济受损的单位或个人，澳门特区政府以经济补偿的方式给予了补偿。该批示的及时出台和澳门特区政府后续的妥善处理，是值得其他地区学习借鉴的。

图 8-6　批示制定的限高分布图
（资料来源：澳门特别行政区政府印务局. 第83/2008 号行政长官批示 [R]. 澳门：澳门特别行政区公报，2008：415-419.）

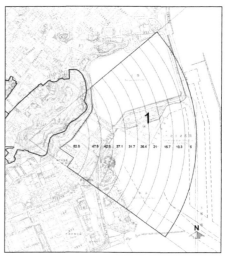

图 8-7　区域 1 的限高规定
（资料来源：澳门特别行政区政府印务局. 第83/2008 号行政长官批示 [R]. 澳门：澳门特别行政区公报，2008：416.）

8.1.1.4　法规措施的启发与不足

1. 文物保护清单在一定程度上造成了对非清单内建筑的轻视

仅以文物保护清单作为评判建筑历史价值的标准在一定程度上造成了对非清单内建筑的破坏。以"蓝屋仔"为例，该建筑建于 20 世纪 30 年代，距今已有约 90 年历史，是一座二层楼高、拥有蓝色外观的葡式建筑，是澳门社会工作局总部。

蓝屋仔曾在 1984 年名列文物保护清单，但在 1992 年被除名。2006 年，社工局拟将其拆建为 14 层高楼，但有学者认为蓝屋仔独特的建筑特色应予以保留。资料显示，社工局局长对此给出以下回应："蓝屋仔并非文物保护清单内的内容，能否拆建仅是大家价值观不同的问题"。该言论激起民众的激烈讨论，大家认为这是政府对文物保护清单外建筑的轻视。在民众的呼吁下，社会文化司长组织了专家小组调查和电话问卷，最终蓝屋仔得以保留，并于 2006 年被列入"具建筑艺术价值的楼宇"。

但是，并非每栋建筑都如此幸运，一些不在文物保护清单内的建筑最终迎来被拆除的结局。如位于澳门旧城区中南部，由澳门著名建筑师设计的下环街市，在被使用 50 年后，于 2006 年被其管理单位民政总署改造为带有停车楼的现代化街市。位于俾利喇街的军事设施旧望厦兵营，在屹立一百多年后，也于 2008 年以改建停车场为由被拆除。

2. 对缓冲区内的建筑定量控制有助于维持旧城区的整体风貌

缓冲区不仅确定了"澳门历史城区"周边的一个空间范围，同时对区内建筑和新建工程作了具体保护指引和限制性规定。2013 年实施的《文遗法》对缓冲区作出了条文上的规定，要求指明缓冲区的限制和制约条件，包括：①楼宇的体量、形态、街道准线、高度和色彩；②非建筑区域；③须完成保存且可作保养、加固和维修工程的不动产；④不得拆除的不动产；⑤澳门特别行政区拟行使优先权取得的不动产。由上述条文可知，缓冲区从定性和定量两方面确定了区内需进行保护的建筑和区域以及该建筑的控制指标等，切实地促进了澳门旧城区的保护与活化。

3. 针对性批示弥补了已实施措施的不足

对于已实施但未取得理想效果的措施，澳门特区政府通过额外颁布针对具体区域的批示加强了对该区域的控制。澳门社会充满不确定性，想要任何措施取得优异的效果均存在困难，为此澳门特区政府通过不断颁布新的批示或指引等，形成了不断迭代、不断更新的实施体系。

8.1.2　规划措施

如前所述，产权在澳门旧城区保护中具有激励和制约的双重作用，而旧城区内土地呈现小规模、碎片化的状态，因此澳门旧城区的保护与活化只得被动地以斑点式或者见缝插针的方式进行。目前，以修复、适应性再利用和区域提升为主的规划实施方法是斑点式推进保护与活化工作的主要规划实施措施。

8.1.2.1　原有功能基础上的修复

1. 原有功能基础上修复的含义

在原有功能基础上的修复，是指沿用建筑原来的用途，只对建筑结构进行加固或对建筑立面、室内空间进行维修和复原，一般用于具有特殊历史意义，同时不能被拆除的建筑。在澳门，这样的建筑属于"被评定的不动产"中的"纪念物""具有建筑艺术价值的楼宇"和"建筑群"，具体包括教堂、庙宇和炮台等。

2. 原有功能基础上的修复案例介绍——中西药局

中西药局是在原有功能的基础上进行修复的典型案例。中西药局位于草堆街 80 号，在 20 世纪 20 年代以前一直是澳门最重要的华人商业枢纽。草堆街是一条具有特色的华人商业街道，沿街为中式建筑，该街连接的区域街道肌理至今保留完好，呈现出澳门昔日具有欧洲特色的街区风貌。

中西药局约建于 1892 年以前，距今已有 130 余年。该建筑属澳门著名华商的私有物业，具有传统岭南竹屋特色，是典型的下铺上居的铺屋。1893 年 7 月至 1894 年，该大屋曾作为孙中山先生开设的中西药局店址。其后遭受多次租售及转让，曾用作道馆、绸缎生意的经营，后来租给电器行。由于长期缺乏维修，并且用于不同的用途，房屋屋顶、结构、地基等均出现严重破损（图 8-8），2010 年该建筑面临被业主拆除重建的危险。

文化局基于其历史文化价值，与民间团体组成关注组，代表政府与业主协商，希望业主能明白该建筑对城市文化传承的重要性。沟通有效后，澳门特区政府于 2011 年购入大屋业权，随后开展修复活化工程。项目历时五年，于 2016 年年中大致修复完成。修复完成后，大屋现作为一个极具文化特色的展示空间予以公众休憩参观（图 8-9）。2017 年 9 月 28 日，本团队调研之时适逢孙中山诞辰 150 周年展览，该展览向公众展示了修复成果和在修复过程中的考古发现及孙中山先生与澳门之间的联系。修复后的中西药局已成为草堆街的特色空间及激发街区活力的积极触媒点。

图 8-8　中西药局修复前大厅　　　　图 8-9　中西药局修复后大厅

8.1.2.2　置换功能的适应性再利用

澳门旧城区保护与活化的主要矛盾是建筑不断老化与迫于产权制约无法快速更新之间的矛盾。解决该矛盾的方法是对老化建筑进行功能置换，以适应当前发展需要。这种方法是在加固建筑结构、改造建筑立面和装饰室内空间的基础上，结合该对象本身的功能和对区域规划、社会环境的综合分析，进行内部功能置换。

置换后的功能一般分为政府办公空间和公共性的文化空间或商业空间两种。前几年，由于政府办公空间有限，常倾向于第一种功能置换的方式。因此，政府在购入房屋的业权后，作为一种缓冲方式，会暂时使用起来，随后再慢慢将其空间返还给市民。第二种是目前常用的一种功能置换方式，政府直接将活化利用后的建筑空间融入片区生活中。

8.1.2.3　区域活力提升

1. 区域活力提升的含义

修复设计和适应性再利用针对的对象主要是建筑单体，是从建筑的角度考虑文物的保护活化。而区域提升是针对需要重新赋予活力的旧城区，从规划的角度进行改造和活化利用。下文将以议事亭前地的活化利用为例加以说明。

2. 区域活力提升案例介绍——议事亭前地的整治性再利用

议事亭前地位于澳门旧城中心区，是保留有葡人与华人共同生活记忆的公共场所，其整治性再利用是通过活化利用提升区域活力的典型成功案例。

1993 年议事亭前地进行了修复和改造工程。改造工程首先禁止了车行，使得之前基本被车行交通和停车位占用的广场空间被改造成步行区域。其次，在广场中心原来圆井的位置规划了喷水池，这一设计保留了葡萄牙带有功能性意义的前地以水源为核心的重要特色，同时以水体作为共同元素使 19 世纪末和 20 世纪初的议事亭前地相互呼应，从而延续了澳门的城市记忆。最后，将整个广场铺装成具有葡萄牙传统的黑白相间的波浪式图案，并在喷水池的周围引入了服务亭、座椅和盆栽等，创造出了舒适宜人、适合进行休闲活动的场所空间。

改造完成后的议事亭前地不仅通过改善旧城区物质环境提高了澳门居民对其的使用率，成为居民公共交往的重要场所，而且引发了周边历史建筑的保护与活化，如民政总署大楼、邮政大楼等，为保护城市文脉和提升区域活力奠定了坚实的基础。

8.1.3　经济激励措施

目前，澳门旧城区保护与活化工作因涉及对私人现有权益的再分配，而导致居民的反应萎靡。澳门特区政府出台了经济激励措施以鼓励居民参与其中，该措施包括产权保障和资金激励两个方面。产权保障保证了私人对其物业的所有权，资金激励则激发了私人对其物业进行保护与活化利用的热情。两者从内外两方面保障了旧城区保护与活化工作的推进。

8.1.3.1　保障私人所有权的征收措施

对于可以确定产权人和能够取得产权人同意的物业，政府出台了两项主要措施以取得该物业的所有权，并促进旧城区保护与活化，一是以国有土地交换，二是因公共利益征收。

1. 以国有土地交换

以国有土地的使用权交换需要保护活化的房屋所有权和房屋所处的土地所有权，是保障私人产权的重要措施。《文遗法》第四十八条第一款和第二款规定："澳门特别行政区政府经咨询文化遗产委员会的意见后，可与建筑群、场所及缓冲区内的土地所有人协议，以国有土地的权利交换该等土地；可与被评定或待评定的不动产所有人协议，以国有土地的权利交换该等不动产"。

2. 因公共利益征收

征收私人物业分为政府强制征收和物业产权人主动申请征收两种情况。第一种是由于该物业产权人严重违反法定或合同规定的义务和责任，致使该物业面临严重损坏的风险，这种情况下文化局可以强制取得或征收该物业。第二种情况是物业产权人认为政府对物业采取的保护活化措施限制了其既得权利，物业所有人主动向政府提出公用征收的申请。

8.1.3.2　降低私人产权阻力的激励措施

1. 政府财政主导旧城区保护与活化工作

澳门特区政府以政府出资进行保护与活化的方式，激发私人参与保护与活化的意愿。据对文化遗产厅的工作人员访谈得知，澳门旧城区保护与活化的资金主要来源于政府的财政收入，具体由文化局的年度预算支付。如 PPP模式下龙华茶楼的修复资金便来源于文化局的财政预算。目前，澳门尚没有接收市民或私人企业捐款的法律或政策规定，所以澳门现在所有的保护资金均来自于政府的财政。

一组数据表明，1990—1999 年，澳葡政府修复圣保禄教堂的前壁（大三巴牌坊）、圣多明我教堂和圣诺瑟教堂分别耗资达 20 万、1000 万和 800 万澳门元。1999 年和 2000 年修复中式庙宇的预算分别是 900 万和 800 万澳门元。在 1982—2001 年的将近 20 年时间内，投入文化遗产修复与保护的资金超过1.37 亿澳门元，约合 1700 万美元[83]。

由上述数据可见，政府财政是澳门旧城区保护与活化的重要资金来源，政府对保护与活化工程的资助成为调动私人积极性的主要举措。

2. 引导产权人参与保护与活化的奖励和优惠制度

政府期望通过资金优惠的方式弥补产权人因物业发展受限带来的经济损

失，因此对保护状况良好的物业所有人进行税收优惠及税收减免。对经过保养、维修或修复后状况良好的不动产，澳门特区政府给予所有人五种税收优惠。首先，其所有人被豁免市区房屋税，其内经营的商业或工业豁免营业税。其次，对于已全部支付被评定的不动产的保养、修复等工程费用的所有人，从所得补充税或职业税的可课税金额中扣减。最后，被评定的不动产的转移，豁免印花税。以上税收优惠及减免目的是通过物质奖励手段提升公众的保护意愿，鼓励公众参与到保护与活化工作中分担政府的压力和负担。

8.2　澳门旧城区保护与活化的保障体系

机制的建立依托制度的出台，制度因功能不同被分为保障制度和激励制度等，其中以保障制度对澳门旧城区保护与活化产生的影响最为重要和突出。澳门旧城区的保护与活化取得如今的成果，是由于私有土地制度对城市更新的限制使得旧城区无意中得以保存。因此，澳门旧城区最早期的保护是一种被动保护，而非主动的行为。随后，澳门特区政府逐渐认识到遗产保护的重要性，才开始出台制度，制度出台的根本目的是为了保证旧城区能够在城市发展的洪流中保存下来。因此，澳门特区政府出台的某些制度从功能上来说，是澳门旧城区保护与活化的保障制度。

结合前文对澳门基本环境的梳理，可发现法律法规制度和规划管理制度对澳门旧城区保护与活化的保障作用较为明显。

8.2.1　法规层面

法律法规制度是澳门旧城区保护与活化进行的根本依据。产权私有引发的产权回收困难和产权碎片化引发的产权多元化，导致旧城区保护与活化工作难以进行，尤其是在无强制和确切实施依据的情况下。为了顺利开展旧城区的保护与活化工作，澳门特区政府在保护与活化的各个阶段和多个方面均出台了较为健全的法律法规，成为保护与活化项目开展的重要依据以及机制建立的重要载体。以下将从澳门法律制度的特色和内容、旧城区保护与活化专项法律的演变与层级三个方面，全面分析它们对保护与活化发挥的保障作用。

8.2.1.1 澳门法律制度的特色和内容

1.澳门法律制度的特色形成了有法可依的法治环境

澳门法律制度具有私人财产保护和约束社会管理活动的两大典型特点。第一，澳门作为葡萄牙曾经推行殖民统治的地区，其法律制度承袭大陆法系，法律制度的制定以私有财产保护为基本原则，任何涉及私人产权的法律条文，均突显出私人产权高度自由和受法律绝对保护的特点。这一特点在一定程度上由于私人产权的不可控而抑制了旧城区保护与活化的进程。

第二，澳门大陆法系的成文法特色在社会生活中反映为法律是社会活动的依据和前提，法官严格根据法律条文办案，民众严格遵循法律程序行事，法律制度是城市运行的准则。这一准则要求澳门旧城区保护与活化须遵循相关的法律法规，依据现有的《文遗法》进行。因此，法律制度成为澳门旧城区保护与活化的重要保障。

2.澳门法律制度的内容

目前，澳门实行的法律主要包括三部分，《基本法》、从葡萄牙引用的五大法典和澳门立法会新制定的其他法律（图8-10）。其中，对澳门旧城区保护与活化产生深远影响的是《基本法》和五大法典中的《澳门民法典》和《澳门刑法典》。

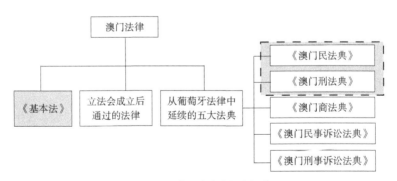

图 8-10　澳门法律的组成部分

《基本法》是澳门的宪制性文件，是一切制度和政策制定及修订的依据与前提。旧城区保护与活化作为一项影响澳门城市发展且与居民利益密切相关的具体事务,遵循《基本法》的原则性纲领。《基本法》中关于保护私人土地和房屋财产权利的规定对旧城区保护与活化产生了最为深刻的影响。《基本法》明确规定澳门居民依法享有其私人财产的绝对权利,当其财产受到损失时具有得到补偿的权利。这在一定程度上决定了当前澳门旧城区保护与活化的重难点与私人产权息息相关。

在澳门现存的五部重要法典中,《澳门民法典》(后简称《民法典》)和《澳门刑法典》(后简称《刑法典》)是跟旧城区保护与活化关系紧密的两大法典。其中,《民法典》是旧城区保护与活化项目在处理私人产权时的主要法律依据。对牵涉私人土地和房屋的处理方法,《基本法》《土地法》和《城市规划法》等均给出了参见《民法典》规范的示意。如《土地法》第六条第一款规定:"私有土地受私有财产法律制度尤其是《民法典》规范"[128]。而《民法典》将私有土地和房屋视作"物"的概念,凡是为物的财产皆属私人财产。由此可见,《民法典》仅考虑私有土地和房屋的私有属性,未将其列入城市整体发展的背景中,而考虑城市整体发展的《土地法》及《城市规划法》中同样缺少对私人土地如何处置的干预措施,这为澳门旧城区保护与活化增加了难度。

《澳门刑法典》是旧城区保护与活化工作在奖惩制度方面的法律支撑。如若澳门居民或被评定的不动产的产权人未履行保护与管理物业的义务,政府部门须按《刑法典》有关犯罪的规定对其进行定罪和处罚。

8.2.1.2　旧城区保护与活化专项法规的演变

澳门旧城区保护与活化的专项法律法规是指《文遗法》及相关的行政法规和行政长官批示。在《文遗法》出台前,保护与活化的专项法律是文物保护法令,该法令是以立法的形式保护和管理文物的重要保障制度,包括 1976 年第 34/76/M 号法令、1984 年第 56/84/M 号法令和 1992 年第 83/92/M 号法令。

1. 1976 年第 34/76/M 号法令确定了文物保护的法定地位

1976 年的第 34/76/M 号法令为文物保护的第一版法令,首次以立法的形式确定了 91 项文物保护内容,共分为四类,分别是:具有历史性价值的屋宇,构成代表澳门历史文物特色的孤立屋宇或屋宇遗迹,由代表性历史文物构成的都市综合区,包括绿化区、树丛或单独树木在内的风景地带。

该法令对各类文物的定义和保护方法也作了明确规定。如表 8-2 所示,四类文物的级别逐渐递减，受保护的严格程度逐渐降低。对于第一类具有历史价值的文物，保护方法最为严格，不得进行任何破坏或毁坏的行为，而对于后三类历史价值略低的孤立建筑、都市区及风景地带等，保护方法的核心在于听取委员会的意见，且政府享有购买产权的优先权。在满足这两项要求的前提下，后三类文物可适当地改变外貌、拆卸或出售。

此外，该法令还确定了保护地带的概念。法令规定文物保护清单内的内容，须以该房屋为中心，以100m为半径设立保护地带。同时，设立了一个名称为"维护澳门都市风景及文化财产委员会"的常设委员会，由当时的澳门总督直接管辖，负责监督和管理旧城区内的遗产保护。

第 34/76/M 号法令规定的各类文物的保护方法　　　　　表 8-2

类别	保护方法
第一类	属政府物业，不得出售，不得破坏或改变其外貌
第二类	拆卸时，澳门特区政府较其他买主享有优先权
第三类	都市综合体未取得委员会意见时，不得改变其面貌
第三类	都市综合区内，经委员会同意后，只限树立临时的、可拆卸类型的建筑物
第三类	都市综合区内的私人物业拆卸时，澳门特区政府较其他买主享有优先权
第四类	不得全部或局部出售，未经委员会同意时，不得改变其面貌

资料来源：澳门特别行政区政府文化局. 专题网站——文化遗产 [EB/OL].（2012-03-16）[2017-09-17]. http://www.culturalheritage.mo.

2. 1984 年第 56/84/M 号法令从制度层面细化了各类文物的保护方法

1984 年第 56/84/M 号法令是第一版法令的修缮版，在后者的基础上将上述四类文物合并更名为纪念物、组合体和地方三类，并细化了各类文物的定义和精确的保护方式。如表 8-3 所示，对于第一类历史价值最高的"纪念物"，该法令详细规定了其更改、扩建、加固、修葺、转移、保养以及征用时应遵守的程序和方法，而对第二类"组合体"和第三类"地方"，保护方法的核心同上版法令一样，在听取委员会意见和政府享有购买产权优先权的基础上，可对"组合体"及在"地方"内开展适当的工程。

同时，该法令将保护地带改为保护区，并设立了名称为"保护建筑、景色及文化财产委员会",以取代第一版法令设立的"维护澳门都市风景及文化财产委员会"。

第56/84/M号法令规定的各类文物的保护方法　　　　表8-3

类别	保护方法
第一类: "纪念物"	对于纪念物的保护及利用,在未取得委员会意见并获得总督核准之前,不得全部或局部将纪念物摧毁或进行更改、扩建、加固或修葺的任何工程
	对于纪念物的转移,澳门特区政府较任何其他买主享有合法优先权
	对于纪念物的保养,取得委员会意见和对纪念物的检验后,由业权人进行工程保养
	因业权人的责任而危及纪念物的维护时,澳门特区政府对其进行征用
第二类: "组合体"	在未得到委员会之事前意见时,不得进行组合体内不动产的兴建、全部或局部的破坏以及其他任何工程
	组合体内不动产的转移,澳门特区政府较任何其他买主享有合法优先权
第三类: "地方"	在已甄别地方范围内进行下列工程:新楼宇或设施的兴建,对现有的不动产全部或局部予以重建、改建、扩建、加固、修葺或拆卸,须听取委员会的事先意见
	对于地方内不动产的转移,澳门特区政府较任何其他买主享有合法优先权

资料来源:澳门特别行政区政府文化局.专题网站——文化遗产[EB/OL].(2012-03-16)[2017-09-17].http://www.culturalheritage.mo.

3.1992年第83/92/M号法令法定了文物保护的图示范围

1992年第83/92/M号法令是第二版文物法令的补充版,在后者文物类别的基础上增加了"具建筑艺术价值的楼宇",并将增订后的文物保护清单进行图示化,以法律的形式明确了文物保护清单的位置及保护区的范围。该法令确定了"纪念物""具建筑艺术价值的楼宇""已评定之建筑群"和"已评定之场所"四类文物及其周围保护区的空间分布,并规定该保护区内一切不动产受法律保护,且不动产的任何工程均须听取文化局意见。

4.《文遗法》加大了保护文化遗产的法律力度

《文遗法》是在第三版文物保护法令的基础上修改完善而成,是当前旧城区保护与活化的根本法。该法通过赋予文化局更大的管理权限和管理范围而增加了对旧城区保护与活化的力度。《文遗法》的实际效用和具体内容将在下一节展开论述。

8.2.1.3 旧城区保护与活化专项法规的层级

澳门地区和旧城区保护与活化相关的法律法规体系有三个层级，即法律、法规和批示。其中，《文遗法》属于法律，是旧城区保护与活化的根本法，是为保障文物保护工作的开展而在制度上作出的原则式和指导性的规定，是法规和批示出台的基础。法规和批示以具有核准权的行政法规和行政长官批示为主，是以具体事物特征为基础而对《文遗法》作出的因地制宜的细化。

1.《文遗法》为文物保护工作的总纲领

《文遗法》是澳门一切文化遗产保护事务的总纲领性文件，包括文化遗产委员会的运作，被评定的不动产和动产的保护，考古工作的开展，奖励、优惠、支援和处罚制度的制定等内容。

其中，关于澳门旧城区保护与活化的重点内容是：①建立文物评定程序；②设立文化遗产委员会；③制定"澳门历史城区"的管理和保护计划；④扩大文化局在文化遗产保护上的权力和力度；⑤设立鼓励、优惠和惩罚制度。以上内容基本全面涵盖了澳门旧城区保护与活化的相关工作，是对澳门旧城区保护与活化效力最高、内容最全的法律。

2. 行政法规为文物保护行政事务的规定

行政法规借助其颁布效率高和实施弹性强的优势成为法律的有效完善和扩展。澳门法律沿袭葡萄牙传统，具有严谨、规范、精确的优势，同时也具有刻板的缺点，因此，想要法律产生完美的效力存在困难。为了弥补此不足，行政长官可行使立法权颁布行政法规。行政法规并不是对具体某个命令性文件的命名，而是确定行政组织、政策制定等行政行为的规范性文件集合的统称。如《文遗法》规定，缓冲区范围和内容的订立和修改由核准评定的行政法规设定；"澳门历史城区"的保护及管理计划也由行政法规核准。

3. 行政长官批示为具体文物保护事务的规定

行政长官批示是指针对具体事务，详细规定实施的方法与路径，是对法律、法令和行政法规的有效补充，虽然不等同于法律，但同样具有命令的性质。行政长官批示由行政长官颁布，程序简便，节省时间，因而成为了处理紧急事件的重要手段。如，为了平息"东望洋灯塔大辩论事件"，行政长官签署了第 83/2008 号行政长官批示，以确定东望洋灯塔周边区域新建楼宇的限高。

而对于尚未达到行政长官批示级别的内容则由负责相应工作范畴的司长批示，但是最终核准仍由行政长官批示和行政法规进行。

8.2.2 规划管理层面

澳门现行的规划制度成为旧城区保护与活化的有力保障之一。早前澳门缺乏与旧城区保护与活化相关的规划制度，包括缺乏相关规划内容、规划编制体系和管理体系等，但是早前《都市建筑总章程》中的街道准线图为旧城区的保护与活化提供了相关规划依据，一定程度上保障了保护与活化项目的开展。澳门特区政府在认识到规划立法缺位的不足后，于 2013 年出台了《城市规划法》，该法制定了旧城区保护与活化规划编制的程序制度，颁布了旧城区保护与活化项目开展的规划依据，成为指导保护与活化依法实施的有力保障。

8.2.2.1 尚缺乏旧城区保护与活化的专门规划文件

通过梳理历次编制的澳门城市规划文件，发现澳门早前未曾出台专门的旧城区保护与活化的规划内容。虽然澳门在不同时期结合当时的建设需求曾制定了不同的规划文件（表 8-4），但这些文件内容未直接与旧城区保护与活化工作相关。因此，单从曾出台的规划文件内容来看，旧城区曾经的保护与活化并未建立在规划强有力的基础上，规划内容发挥的保障作用较小。

历次澳门城市规划文件的编制		表 8-4
时间	规划文件或章程	主要内容
1909 年	《城市总体改善计划》	对澳门各堂区的改善计划
1922 年	港口规划	在外港区进行大面积填海工程，并将澳门半岛和氹仔完全连接起来
1927 年	港口规划	在东望洋山以东区域进行大面积填海
1946 年	《建筑章程》	—
1956 年	《省会都市计划规则》	—
1963 年	《澳门省市区建筑总章程》	规定澳门建筑施工、维修、更改、重建方面的问题
1966 年	《总督计划》	对澳门半岛的旧城区保护，低档住宅保护；农业化土地、工业化土地；南湾与外港填海区建议

续表

时间	规划文件或章程	主要内容
1970 年	《澳门地区规划》（未实施）	—
1981 年	第 33/81/M 号训令	路环保护区规划
1985 年	《都市建筑总章程》	规定澳门建筑施工、维修、更改、重建方面的问题
1986 年	《澳门地区指导性规划》	将澳门半岛和离岛分成 21 个分区
1990 年	第 218/90/M 号训令	内港重整计划
1991 年	第 68/91/M 号训令（已废除）	外港新填海区都市规划章程
1991 年	第 69/91/M 号训令（已废除）	南湾海湾重整计划之细则章程

资料来源：童乔慧．澳门城市环境与文脉研究 [D]．南京：东南大学，2005：24-27.

8.2.2.2　街道准线图成为旧城区保护与活化的主要依据

《城市规划法》实施之前，1985 年颁布的《都市建筑总章程》是管理城市建设的主要依据。《都市建筑总章程》是审阅及核准澳门地区工程计划，发放工程准照的纲领性文件。对于不符合章程要求的开发行为，土地工务运输局不予发放开发商工程准照，而对于已获得工程准照的开发商，土地工务运输局通过颁布"街道准线图"控制其开发建设行为。

由此，街道准线图成为缺乏旧城区保护与活化专门规划的背景下，指导保护与活化的主要规划依据。在澳门地区，街道准线图是具有法律地位的规划管理工具，主要规定了街道准线和地块边界，也包括建筑物间的位置关系，如临近街道位置、临近楼宇位置和将兴建建筑物的位置。更重要的是，街道准线图中包含有文化局发出的关于旧城区保护与活化的意见，该意见成为旧城区保护与活化相关工程的依据。

以与文化遗产厅办公大楼相对，位于圣美基街 25—27 号的地块为例，详细阐述街道准线图的编制程序（图 8-11）和内容对旧城区保护与活化的保障作用。圣美基街 25—27 号地块的街道准线图发布于 2005 年 10 月 28 号，在此之前，土地工务运输局在街道准线图编制完成后征求了文化局在旧城区保护方面的意见。文化局在 2005 年 10 月 13 日发出该地块内"建筑须保留立面，且不得增加高度"的意见。该意见被土地工务运输局写入街道准线图，成为具有法律地位的控制性要求。随后，这一要求通过约束该地块内的城市建设活动，保障了该地块与周边街区风貌的和谐统一。

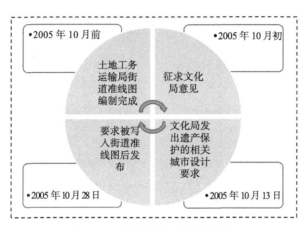

图 8-11　街道准线图的编制程序

8.2.2.3　《城市规划法》保障了规划的编制和实施

《城市规划法》是《文遗法》在空间层面的重要保障，保障了旧城区保护相关规划的编制和相关工程的开展。《城市规划法》颁布的根本目的是订立城市规划编制、核准、实施、检讨和修改的法律制度，而据《城市规划法》第三条显示，"城市规划的根本目的之一是促进保护属文化遗产的被评定的不动产"（图 8-12）。因此，《城市规划法》的本质是包括文化遗产保护在内的城市规划行为的制度规范。

《城市规划法》这一制度规范成为旧城区保护与活化落实的重要保障制度之一。首先，《城市规划法》的规划编制制度保障了旧城区保护与活化的开展，通过编制保护与活化的指引措施和保障文化局参与空间规划编制的绝对权力及私人参与编制的权力来体现；其次，《城市规划法》中的规划条件图成为旧城区保护与活化工程的规划依据。

1.《城市规划法》保证了旧城区保护与活化相关规划的编制

《城市规划法》的编制制度从编制内容和程序制度两方面保障了旧城区保

护与活化的开展。

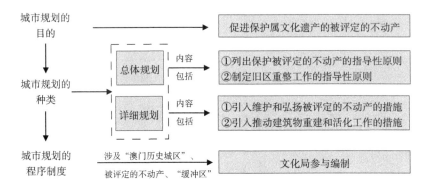

图 8-12 《城市规划法》对文化遗产保护的支撑

第一，《城市规划法》的编制内容保障了旧城区保护与活化有据可循。《城市规划法》明确规定，编制总体规划和详细规划时应编制与规划种类相应的旧城区保护与活化的指引措施。该法规定，编制总体规划时应制定对文化遗产保护的指导性原则，编制详细规划时应制定保护、活化及重整的具体实施措施。

第二，《城市规划法》的程序制度体现了对主导文化遗产保护的政府部门的充分重视，保障了文化局参与旧城区相关规划编制的权力。该法规定，如将编制的城市规划涉及文化局负责的"澳门历史城区"、文物保护清单内被评定的不动产以及缓冲区内的建筑，须在文化局的参与下，由土地工务运输局进行编制。即编制内容须征求文化局的强制性意见，并将意见以规划内容的形式发布，使文化局意见成为具有法律定位的管理工具，切实指导旧城区保护与活化项目的开展。实际上，这一规划编制的程序制度，在《都市建筑总章程》中街道准线图的编制中已经体现，而《城市规划法》再次以法律形式强化了这一制度。

此外，《城市规划法》的程序制度在规划编制时期同时保证了私有土地的物权人的建议权（图 8-13）。《城市规划法》规定，草案编制完成后，须收集实施草案可能导致利益受损的私有土地物权人的意见及建议，若物权人的意见影响已编制草案的内容，须充分考虑业主的诉求，修改草案后才能发布编制报告。这一规定通过听取私人建议、考虑业主需求，将私人产权置于城市发展须考虑因素的首位。该规定有利于减弱因私人业主对保护与活化项目的未知和疑虑而导致的阻碍，从而保障旧城区保护与活化项目的开展。

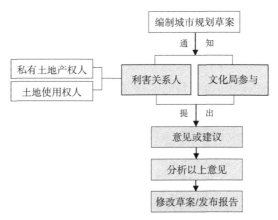

图 8-13　城市规划编制程序

2.《城市规划法》中的规划条件图保障了保护与活化工程的开展

《城市规划法》颁布后，新编制的规划条件图取代了街道准线图，成为主要规划手段。相较于街道准线图，规划条件图在规定街道准线和地块边界的基础上，增加了对地块建造条件的规定，包括"楼宇最大许可高度、最大许可地积比率、最大许可覆盖率，以及视地块实际情况给出的城市设计指引"四方面。

以与文化遗产厅办公大楼相对的、位于圣美基街 23 号的地块为例，详述规划条件图对旧城区保护与活化工程开展的保障作用。圣美基街 23 号地块与上述的 25—27 号地块相邻，前者位于后者的西南侧。圣美基街 23 号地块的规划条件图发布于 2016 年 7 月 4 日。在规划条件图发布之前，文化局局长于 2016 年 3 月 11 日以签署公函的形式向土地工务运输局发出如下针对建筑条件的意见："楼宇须保留立面，不得增加楼宇高度；强制使用中式瓦坡屋顶，坡度与原有屋顶一致"。该意见同样被写入该地块的规划条件图，成为具有约束力的意见。

由以上规划条件图的控制内容以及编制和发布的程序可以看出，文化遗产保护成为规划编制和发布的前提，城市规划成为旧城区保护与活化工作进行的直接指引和有力支撑。

综上所述，澳门地区的规划制度尽管早前缺乏旧城区保护与活化的专门规划，但并不缺乏相关的规划依据，这些规划依据在旧城区保护与活化过程中发挥了重要保障作用。虽然相较于规划体系成熟的城市而言，早期以街道准线图中的城市设计要求作为旧城区保护与活化在空间建设层面的管理依据略显单薄，但该依据是后来出台的《城市规划法》的前身。2013年澳门特区政府在这一前身的基础上，与《文遗法》同时通过了《城市规划法》，《城市规划法》成为现行文化遗产保护工作规划层面的保障。该法中，城市规划编制的程序制度奠定了旧城区保护与活化专门规划编制的基调，有利于指导专门规划的颁布。由于该法出台时间较短，旧城区保护与活化的后续专门规划尚未出台，目前以规划条件图的城市设计指引作为保护与活化的相关依据。因此，规划制度成为指导旧城区保护与活化的重要保障制度之一。

8.3 实施与保障体系成效分析

法律制度措施是旧城区保护与活化机制运行的关键支撑。由本章第一部分对法律法规制度的论述可知，保护与活化机制运行的成功首先得益于澳门完善的法律体系。澳门社会法律先行，通过不断出台和修订相关法律，如《地籍法》《土地法》《因公益而征用的制度》《都市建筑总章程》等，规范了与旧城区保护活化相关的土地使用、建筑开发和设备安装事项，保证保护与活化工程不受外围因素的不良影响。

其次，得益于文物保护法令和《文遗法》对旧城区保护与活化法治环境的建设。文物保护法令成为保护与活化的法律基础，在此基础上形成了《文遗法》。《文遗法》作为核心法律，行政法规和行政长官批示与之形成层级化的法律体系，从保护理念和实施操作层面分别保证了保护与活化机制的运行。

最后，保护与活化机制运行的成功还得益于具体法规措施的针对性指引，包括确定文物保护清单、设立缓冲区和出台针对性批示等。以上措施从实施操作层面推进了旧城区保护与活化工作的开展和机制的运行。

1. 与规划相关的法律弥补了城市规划的缺失

澳门通过颁布《地籍法》和《都市建筑总章程》，从法律上通过控制土地使用权和工程建设权指导了城市建设活动。《地籍法》中的地籍图和《都市建筑总章程》中的街道准线图（2014 年《城市规划法》把街道准线图改名为规划条件图）均是法定文件。地籍图是建筑开发的必备文件，街道准线图是澳门特区政府发出的规划条件，两者是开发商申请工程准照进行建筑开发时的必备文件，两者共同对建筑活动的形态、内容和规模进行了制约。

2.《文遗法》弥补了旧城区保护规划的缺失

与其他城市相比，澳门是典型的缺乏规划却以法律形式把旧城区保护下来的城市（表 8-5）。澳门由于特殊的经济和政策环境，通过直接的城市规划手段促进旧城区保护所能达到的保护效果往往有限，相比之下更加需要一些对保护与活化的本质问题进行控制的法律手段[123]。澳门特区政府通过出台和不断修订文物保护法令（后来的《文遗法》），从制度层面上定义了文物保护的类别与方法，成立了文物保护的主导单位，进一步形成了多管齐下的运行机制。

澳门城市保护相关法律制度　　　　表 8-5

相关法律制度名称	法律制度内容
第 34/76/M 号文物保护法令	定义文物类别、保护方法
第 56/84/M 号文物保护法令	细化文物的定义和分类
第 83/92/M 号文物保护法令	增加文物保护清单的内容，扩大政府的管理权限和范围
《旧区重整法律制度》	已取消，正在重新编制
2013 年《文遗法》	—

3. 法律对私人产权的过度保护造成了公共利益的受损

就澳门旧城区保护与活化而言，澳门的法律制度受资本主义高度自由的经济形态的作用，存在对私人权利过度保护的弊端。对于破坏到一定程度的具有一定历史风貌和文化特色、同时缺少业权人信息的建筑，澳门现行法律中缺少政府强制征收或业权托管给政府的相关规定。

虽然《因公益而征用的制度》中有政府的公权力介入私人财产征收的规定，但这一规定成立的前提是在与私人协商后取得产权人的允准，而无法与产权人取得联系使因公共利益的征收成为僵局。此外，私人物业的产权人坐地起价的行为也使与私人协商出现"谈判僵局"。因此，私人业权的绝对自由和对私人业权的过度保护造成公共利益相对较轻，两者之间的利益天平发生了失衡。失衡的原因在于市场经济的弊端所导致的法律制度设计的不合理，澳门特区政府需通过新法案的出台探讨私人产权在旧城区保护中的地位和角色。

这种情况下，建议澳门特区政府可以尝试在《因公益而征用的制度》中，增加在产权人失联时强制征收的规定，此时无须遵守现有的"穷尽一切私法途径"的征收前提。同时，将征收后由该物业盈利所得的30%或40%留给产权人，存在政府部门或城市银行（图8-14）。

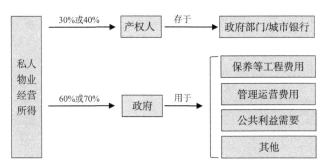

图8-14 物业强制征收后政府和产权人的经济关系

假如日后产权人出现，其将得到大笔财富。此时，原来无人问津的私有土地或房屋，经过强制回收，变成多赢的局面，城市面貌得到了保护，公众享用的公共空间得到了增加，产权人也获得了经济利益。不过，碍于澳门城市的历史和法律的特点，这一效果的达成困难重重，有待观望。

第9章 中国港澳地区城市更新机制的
经验得失与启示

综合来看，中国港澳地区城市更新的基本特性是在统一的资本主义市场经济土壤上叠加了各自不同的历史、地理、经济以及社会人文条件而开展的，因此其更新背景以及应对机制既体现出共同的特点，又呈现出各自鲜明的特征。

9.1 港澳地区城市更新机制的共性比较

从总体上看，港澳地区城市更新有三方面的共同特征。

（1）在更新背景方面：均在较高的市场经济水平下开展；都面对着人多地少的困境；都存在都市存量建筑老化迅速、物质环境恶化严重，因而更新需求具有强劲的动力。

尤其是私有产权因素在港澳两地的城市更新中都表现出非常重要的影响。作为资本主义制度的基石，产权的私有化和多元化在城市更新语境中充分体现出其作为"双刃剑"的作用：一方面，整个社会对于私有产权的高度保护以及产权事实上的高度碎片化，对于港澳两地城市更新的高效推进都构成了较为严重的实施障碍，使得相当多更新项目由于各类产权所有者的诉求不同而久拖不决；另一方面，它在客观上又形成了一把"保护伞"，使得某些不利于传统城区保护的外界力量有所忌惮——尤其体现在澳门旧城区的更新保护方面，它使得面向传统城区和历史建筑的推土机无法大行其道，这才能在高度发展的城市发展浪潮中促成澳门历史文化遗产完整保留的结果。在某种意义上，这不能不说是一种奇迹。

因此，如何妥善应对产权多面性的特征，使之能够为旧城区的更新和保护所用而不至于成为其负累，是不同地区都需要共同面对的问题。在香港开发密度极高的旧区中房屋业权的回收依然是一大难题——业主构成复杂且数量庞大导致协调难度大、回收周期漫长，因此香港特区政府从提高经济补偿和丰富补偿方式两方面入手提高业权回收效率。与香港土地公有制度不同的是，澳门实行土地公有和私有两种土地制度，通常采取以国有土地交换私有土地或者以国有土地交换私人不动产的方式，以减弱土地所有人对城市保护与更新的阻力以及对城市建筑文物、场所的破坏；同时，对因保护而导致物业经营受限的产权人给予税收优惠或减免的经济激励。

鉴于内地城市也日渐面对着产权多元化带来的挑战，港澳地区的类似探索必然具有重要的启发意义。

（2）在更新历程方面：均在建构有效的城市更新机制方面经历了相当长时间的探索过程。

事实证明，城市更新机制的成熟主要体现为其公平性与效率性的平衡。在城市更新的早期，如何能够快速启动城市更新，解决迫在眉睫的都市生活环境压力往往占据决策者的主要视野，因此效率性往往是城市政府和社会各界所首要关注的中心问题。而公平性的特点是，它相比于效率性总是在人们的视野中姗姗来迟，但重要的是它永不会缺席。由于城市更新天然具有的广泛利益牵绊特征，多元利益群体在其中必然要发出各自的诉求声音，有的时候是非常强劲乃至强硬的要求，甚至会直接影响到社会的稳定与和谐发展，由此，公平性的重要性就会在这些利益群体的博弈当中日益凸显。

从本研究中可以看到，港澳地区政府在探索兼具效率与公平的城市更新机制方面都煞费苦心。香港通过增加公众参与途径来保障更新的公平性，在项目调研前期分阶段开展大量的公众参与工作，在确定更新地块时引入了自下而上的公众参与方式，在项目推进时通过设立居民"反对上诉"制度来保证公众的发声权利。就澳门目前的更新和保护成效来看，品质优先已经成为其主要导向，而效率性则被放在了相对次要的位置上。澳门旧城区更新的物业规模大都比较小，通常是政府与业主个人直接谈判，以确保公平性的到位，而其耗时通常较长。从某种意义上说，港澳地区的共同趋势是认识到在市民社会环境下，没有公平性作为保障，效率性将无从体现，而且也将非常脆弱。

因此，它们都在实践中不约而同地把公平性置于效率性之上。

（3）在更新手段方面：为了应对城市更新所带来的复杂挑战，港澳地区政府各自建立了丰富的政策工具箱，并进行了相应的组织变革。

从表面上看，这些政策工具和组织变革举措各有其妙，也呈现出高度的离散性，但从本质上梳理起来，它们都具有相似的内在逻辑。据此，本研究将其中的机制设计思路归纳为三大方面：①公共治理结构的设计；②实施体系的设计；③保障体系的设计。

这三者构成了环环相套的相互支撑关系。

首先，公共治理结构是机制设计的根本，一个具有良好适应性的公共治理结构是顺利推动城市更新的起点。因此，公共治理结构必须因应于当地的基本现实情况。一个非常典型的例子就是香港当局从起初设立土地发展公司到近期转为建立半公半私性质的市区重建局作为市区重建的专门机构。市区重建局一方面与有关政府部门保持平行关系，并建立了密切的合作机制，强化了政府对更新的指导和调控力度；另一方面，它也可以像普通开发企业那样进入市场去征收土地，保持了市场经济的运行特点。另一个典型例子是，澳门特区政府将从事中葡文化研究的澳门文化学会改组成为负责澳门旧城区文化保护的文化局。澳门文化局一方面通过对被列入文物清单的不动产进行修复、活化、巡查、管理等直接行动来参与旧城区保护工作，同时对其行使直接审批和稽查的权力；另一方面对清单外的不动产，通过向具有审批和执行权力的其他部门发布具有强制性和约束力的意见，间接促成旧城区的更新保护工作，由此从多方面进行全局把控与监管。

其次，实施体系是贯彻公共治理结构思路的重要路径。在这方面，港澳地区政府的做法各有千秋。例如香港，结合自身高密度更新困难特点在更新中引入了长效的楼宇复修制度，来代替激烈的拆除重建行为。与此同时，为了落实必须进行的拆除重建项目，香港在其实施过程中引入了自下而上以居民为主体的实施方式，并出台了一系列提高效率、保障公平的补偿安置措施。而澳门由于私有产权的限制，通常采取以文化局为核心的一元主导模式，由文化局应对房屋破败、私人阻碍、工作开展等多重挑战。文化局工作人员的角色与内地城市政府工作人员相比发生了大幅度的转变，不是身居高位下达命令的官员，而是从事协调处理小规模物业保护与更新的协调人员，他们的大部分时间花在对私人业主的文化引导和产权沟通上面。

最后，保障体系是实施体系得以充分发挥效能的重要保证。在这方面，港澳地区政府共同的做法就是采用正向鼓励与反向鞭策相结合的方式，也就是通常所说的"胡萝卜加大棒"方式，分别从法律保障、经济激励、资金奖励、规划管理约束等方面设立了多层次结合的保障手段。从香港来看，政府不仅为市区重建局提供了 100 亿港元的坚实资金支持，还为其提供了特殊的土地开发政策，例如豁免市区重建局的部分地价以及其在重建活动中产生的税费，保障市区重建局在面临"亏本"更新项目时有足够的底气；此外，政府还将市区重建专项规划列为香港的法定规划之一，不仅明确了市区重建规划的法律地位，还在规划管理中建立了与现行城市规划审批要求相关联的项目分类管理体系，保障更新规划的顺利推进。从澳门来看，私人产权至上的法治环境是旧城区保护的基本保障，针对文物保护出台的系列法律体系是旧城区保护的根本保障。自 20 世纪 70 年代以来，澳门地区政府便开始制定文物保护法令，并根据发展过程中遭遇的实际问题与时代的不断更新，多次进行修订完善并注重与《土地法》《城市规划法》等相关法的协调统一。不管是任何一版的修订或其他任何相关法，法律条文均从各自的角度正向提供了各类建筑文物的保护方法，同时反向给出了违反法令或规定的惩罚措施。同时，澳门地区政府还通过拨付文化局文化保护款项，对旧城区更新保护进行了经济保障，通过限制城市建设活动对其进行了规划保障。

由此可见，因地制宜、度身定制是港澳地区城市更新机制的显著特征。它们均能够从自身实际出发，根据具体的历史和现实条件去设计自身的更新路径与实施策略。在寻找到合适路径的历程当中，它们都付出了相当大的探索代价，甚至有政策失败的考验。但循序渐进地进行调试，直至寻找到与现实需求熨合的对策，是每个地方共同的认识。这一经验，同样值得内地城市借鉴——在城市更新机制的设计上，没有放之四海而皆准的标准答案，每座城市都应该自行探索最适合自己的道路。

9.2　港澳地区城市更新机制的差异比较

相比于共性，港澳地区在城市更新的差异性方面更为明显。

（1）在更新背景方面：香港和澳门地区各自具有自身的地域特点。

首先，一个非常重要的区别就在于城市更新所依赖的土地所有制度。澳门实行公有土地与私有土地混杂的土地制度，而香港在 1997 年回归之后依据《基本法》规定其土地为国家所有，受香港特区政府管理。这一根本特点决定了港澳地区在城市更新的具体措施上会衍生出重要的差异。

此外，港澳地区城市更新的具体动因也有很大的区别。

香港市区重建的突出特点则是在典型的高密度环境下开展。作为世界闻名的高密度都市，香港的都市建设受到自然地理条件、生态保护用地、政府供地政策等多重限制，加之历史上大量的移民涌入，造成了人口与建设用地之间高度不对称的局面。因此，逼仄老旧住区的更新成为困扰香港城市发展的重要问题。

澳门旧城区则面临着与香港不一样的目标需求。作为以悠久历史和独特异域风貌见长的城市，澳门主要面对的更新动因是如何在快速发展的社会经济特别是博彩业的冲击下，依然能够保护好自身的城市特色。因此，澳门的城市更新更具体地体现为对于旧城区历史风貌的有效保护和可持续利用。

（2）在更新历程方面：虽然同为资本主义市场经济体，但港澳地区所选择的城市更新道路却截然不同，在处理政府与市场的关系上也采取了不同的方式。

香港的市区重建最早起始于政府的无为而治并放任市场主导，然后过渡到政府实施"积极不干预"政策，对市场的更新行为实施有限度的干预，再发展到近期对于市场的主动干预。澳门更是由于特殊的历史和地理因素，虽然是在资本主义色彩浓郁的环境中，但仍然实行的是以政府为主导、市场和民众协同参与的模式，其中政府的核心引领地位比较突出。

这些现实表明，港澳两地所共同面对的一项核心问题就是政府干预与市场干预的平衡问题，然而在政府主导还是市场主导的抉择方面，它们各自给出了自己迥然不同的答案。资本主义或者市场经济并不是选择政府干预为主还是市场主导为主的根本决定因素，每个城市或地区最重要的是根据自身发展的实际需要，通过综合考量和权衡，选择最适合自己的实施机制。由此可见，资本主义或者市场经济的标签并不能限定城市更新的必由路径。

（3）在更新手段方面：港澳地区更是根据自身的实际开展了多角度的探索，其中有不少具有创新性的手段都值得内地城市参考。

在香港，更新手段的最大亮点是其开创了以市区重建局为主导的改造体制。市区重建局是在深入总结之前香港地区政府设立土地发展公司的经验教训基础上而重新创立的。它汲取了土地发展公司片面追求市场化的不足教训，转而发挥半公半私法定机构的身份优势，一边充分贯彻政府开展城市更新的主旨意图，一边充分运用市场化资源和手段开展工作。这一机构的创立，很好地协调了在资本主义市场经济环境下来自公共部门公益性和私人部门逐利性的内在冲突，在香港都市极端高密度的困难条件下开辟了城市更新的新路径。这种对于市场经济各类约束条件的有效协调性，非常值得内地城市借鉴。

同时，香港经验中值得关注的还有其在动态推进中不断调试更新机制适应性的做法。从历史经验上看，香港无疑是港澳两地中机制转变跨度最大的地区，从20世纪前期的完全不干预转为当前的积极干预战略，个中的机制调整幅度无疑是巨大的。同时，从多年的探索历程中可以看到，香港陆续开发出多样化的更新实施措施，但在推行过程中或多或少遭遇到现实的困扰。例如，发展局在2008年开始对旧版的《市区重建策略》进行全面检讨，检讨期间开展了深入的研究考察及广泛的公众参与，终于在2011年出台沿用至今的新版《市区重建策略》；此外，通过总结已经结束的几轮"需求主导重建"计划存在的问题，市区重建局对自下而上的"需求主导重建"计划展开了检讨和完善的工作。在这种情况下，香港特区政府表现出很好的施政弹性，不断根据实际情况总结经验，从机构变革到措施调整等各个方面不断地进行"试错—反馈—调整"的循环试验。事实证明，正是这种从实践出发、弹性灵活的态度，构成了香港城市更新机制最重要的精神内核，也促成了今日香港社会在重重历史更新包袱困扰之下依然能够保持社会的和谐、平稳发展。

至于澳门，则是在内外部多元压力下走出了具有自身特色的道路。澳门旧城区保护与活化是在多重因素的约束下实现的，既包括社会经济高度发达带来的保护压力、土地不敷使用带来的开发冲击，也包括产权分散化所带来的保护困难。在这种情况下，澳门地区政府采用的应对策略是充分发挥政府的主导作用，一方面利用葡萄牙遗留下来的大陆法体系优势，设立多层次的法律保障体系，为旧城区穿上厚实的"保护衣"；另一方面调动市场的积极性，将产权多元化从不利因素转变为有利因素，并通过多元协作机制的设立推动公私部门共同参与的 PPP 模式。通过这些努力，澳门地区政府较好地化解了内外部多元压力的影响，在不利的条件下较好地实现了最大限度保护旧城区"公共品"的目标。

9.3　港澳地区城市更新机制的成效评价

根据前述研究，可以总结出港澳地区城市更新的主要矛盾在于处理效率性与公平性之间的矛盾。在这个方面，港澳地区城市更新的丰富历程呈现出了多样化的效果，其中既有相当成功的经验，也有还在探索中的问题，更有依然留待解决的矛盾。从公平性和效率性两个维度去衡量两地城市更新机制的成效，可以作如下判断。

第一，港澳地区城市更新机制体现了对于社会公平性的深度关切，从根本上保证了整体社会在城市更新升级过程中的平稳、和谐状态。

通过长期的探索和不断调适，港澳两地城市更新的趋势从早期的注重效率性日益转为注重公平性。当前，两地一方面通过法律手段规定了开展城市更新的完备流程，为以社区为单位的平等参与留出了必要的空间，为启动城市更新项目设立了严格的准入门槛；另一方面在城市更新的法定流程中均设置了较为充分的公众参与环节，以充分保障公众的知情权、申诉权和合法的财产权利。

正是在这种对于个体利益的高度照顾的环境下，港澳两地的城市更新即使在产权私有化或多元化程度非常高的条件下仍然能够较为和谐地开展。在早期城市更新中曾经出现过的因大拆大建而引发的激烈事件近年来已经非常罕见，遇到个别容易引发社会对立情绪的事件也能够较为妥善地迅速化解。因此，对于民众个体利益的高度重视以及周到的相关制度设计，是值得内地有关城市参考的重要经验。

第二，港澳地区城市更新机制反映出对于效率性的高度重视乃至焦虑，直至目前依然是一个有待持续解决的难题。

不可否认，港澳两地的资本主义制度从根本上制约了在总体上推进城市更新的进程，高度发达和自由的个体意志也为城市更新设下了很高的障碍。为此，两地政府从经济激励、资金供给、土地开发权利奖励等多方向给予了大量的刺激，并为推动城市更新进行了专门的机构变革和法规调整，但从普遍意义上看城市更新的项目依然进展较为缓慢。其中，多元利益主体的诉求差异过大导致协调成本过高，以及处理利益主体申诉和组织公众参与的流程过于繁复，均是重要的阻滞原因。

这从另外一个侧面提示我们，在当今市民社会的环境下，城市发展和迭代必然是一个需要多方博弈达成妥协的政治协商过程，因此它需要经得起时间的检验和磨炼。从这个意义上说，以往人们对于城市更新可以"又快又好"的期待可能要有所改变，对于过去40年间中国内地城市已经习以为常的狂飙突进式的造城速度可能要进一步深入地反思。港澳地区的经验告诉我们，在今天的时代条件下，需要做好城市更新"慢工出细活"的思想准备。

9.4　港澳地区城市更新机制对内地城市的借鉴启示

综合本研究所述，港澳地区的城市更新机制建构与变革历程无疑对于很多内地城市具有很好的参考价值。而且，港澳地区在前期探索中所经历的挫折与教训也应为内地城市所重视和规避。可资汲取的若干重要经验包括以下方面。

1. 需要以产权利益的公平分配为核心推动各类权利所有人的共同参与

城市更新增值产权利益的公平分享是城市更新的核心问题。内地城市在土地公有制的背景下，对于城市更新主体角色定位及利益公平分配模式的设计尚未具备充分的意识。

首先，政府作为绝对管理者的角色定位严重影响了市场的公平性。内地城市中，政府作为城市更新的主要发起人，具有绝对权威，政府通常以较低价格从市民手中收回土地再出售给开发商，以获得的一次性土地出让金收入来进行公共设施建设。但仅靠政府来建设公共设施，推动城市更新，必然会造成繁重的财政负担，进而导致政府盲目增加土地交易，降低交易门槛，造成土地交易市场混乱和土地透支。此外，政府在城市更新中也承担着监督者和管理者的责任。这种既充当裁判员又充当运动员的双重身份不利于政府以公平、公正的姿态对于开发和实施进行监控。

其次，开发商作为更新的实施主体，除上缴给政府土地出让金外，几乎独享更新收益，但同时承担全部投资风险。

最后，被拆迁居民通常是更新中的被动配合者，缺少话语权。通常居民会被提供两种补偿办法：一是一次性的拆迁补偿；二是由开发商在其他地区提供拆迁安置住房，安置住房与原更新地区住房的差价通过一次性现金补偿来解决。这其中就存在很大的矛盾——如拆迁补偿数额较大，被拆迁居民可以得到很好的补偿，但开发商却承受了巨大的经济压力，致使更新积极性降低；如拆迁补偿数额太少，拆迁居民便无力购买商品房，只能选择在地点较为偏远的地区租房，对于居民的就业、生活都会造成一定的困扰。并且，更新地区原有的邻里关系也被割裂，拆迁居民容易因此而对更新产生抵触。

2.需要面向不同权利所有人制定具有针对性的权益分配方式

虽然内地城市土地归属国有，但土地使用权的多元化问题也很突出。尤其是历史上遗留下来的各类型产权问题，均对城市更新造成了很大的困扰，其中包括由于历次土地产权制度改革造成的大量公有产权住房产权不明或者混杂，由于快速城镇化造成的众多城中村集体用地产权问题突出，由于其他各种客观原因形成的小产权房泛滥等现象。同时，一些类似于公寓式住房和单间写字楼的产权模糊商品在市场上进行买卖，也给内地住房产权纠纷埋下了制度隐患。各种合法与非法的产权纠纷使得很多城市更新项目进展缓慢甚至引起公众不满，爆发群体性事件等社会冲突。

3.设立双向更新途径

内地传统的更新模式基本上沿袭自上而下的路径，但港澳地区的经验表明，自下而上与自上而下相结合才能更好地适应市场经济多变复杂的社会环境。尤其是在市民社会高度发达、私有权利日益受到保护和重视的情况下，基于居民自发提出的更新计划能以较低的社会成本顺利推动困难的改造项目前进。因此，从制度上向基层社区释放更大的自主权限，是内地今后社会治理中亟待探讨的议题。

通过比较分析建议如下。

1）在既定体制下创新更新开发模式

首先，内地的土地制度是土地公有制，居民享有的是土地使用权，但同样能够破除单纯以政府或开发商为主体的开发模式，探索以社区为开发主体的更新方式。对于合法的土地使用权人，可由中央政府向地方政府适度释放建设许可权，地方政府向原土地使用权人适度释放土地开发权。鼓励原土地使用权人主动提出或自行进行更新，允许原土地使用权人不必采用招拍挂方式，而是通过协议方式获得土地使用权。保证其在更新后仍能获得土地使用权，以鼓励合法土地使用权人配合更新。

例如，对于城中村集体用地的更新，可允许其成立更新组织，并在更新后以组织为单位享有土地使用权，不必再由政府将集体用地进行征收转为国有。这样在社区或居民统一意见后可集体委托开发商申报更新，这种自下而上的自主更新模式无需进行产权移交或搬迁，保障了居民重返更新地区的权益，还可以实现居民与开发商的利益共享以及风险共担。

其次，对于历史上所形成的大量城中村、小产权房等社区中的违章户，不必一定勒令其退出非法占用的土地或强制拆除，抑或采用罚款、勒令缴纳土地有偿使用费等惩罚性方式。实践已经证明，这些方式的实施可行性很低。而是可以参考港澳地区的相关做法，在考虑历史因素的基础上制定出合理的违章建筑拆迁资金补偿标准、建筑物补偿标准或安置标准，以鼓励违章户配合更新。同时，应采用权利束的理念对其中涉及的各种产权权利进行理论上的廓清，以指导实践中的对策制定。这一点对于解决广州、深圳、北京等众多城市中困扰已久、已成为城市痼疾的历史用地城市更新问题，尤其具有现实意义。

2）补充和完善土地使用权出让制度

可以把正在试行的土地租赁制度作为土地出让制度的一种补充应用到城市更新当中。土地租赁是指土地所有者将土地有条件地出租给使用者，使用者分期向土地所有者支付出租费用，并在约定期限内将土地归还给土地所有者。分期交付租金的方式有利于减轻使用者的负担，使之可以承租土地而无须支付高昂的土地费用。这将有助于推动社区组织的自组织发展，确保社会在较剧烈的城市更新变革中依然保持稳定和谐。

4. 面向复杂的城市更新语境进行有效的组织变革

港澳地区以产权多元化和高密度等为特征的城市更新语境，以及市场经济发达的双重背景，为公共治理提出了组织变革的新命题，传统的官僚制机构已经不能完全适应于在复杂条件下推动空间改造和利益再分配的需要，纯粹的市场机构也不能很好地满足各类利益群体的诉求。其中，香港特区政府从土地发展公司转向市区重建局的探索历程表明，兼具公私性质的法定机构是促成公私协作的合适主体。

为此，内地城市可以借鉴港澳经验，成立类似于市区重建局的法定机构，如城市更新局，并赋予其兼具市场与政府资源优势的职能与使命。首先，法定机构的成立须出台相应的法规和制度，指导其在法律的准则下开展工作；其次，需要出台细致且明确的管理制度，保障法定机构成立的合法性和工作的规范性，为其日后的组织、运作和管理提供有力依据；再次，出台纲领性策略以指导工作方向，保证法定机构的工作计划具备前瞻性和长远性，使其工作内容与城市发展方向保持高度一致。

港澳地区的经验表明，特定机构的成立必须与特殊的赋权相结合，才能在复杂的高密度环境下做到游刃有余。内地可参照港澳的经验给予新成立的法定机构一定的政策上的倾斜。首先，政府在财政上给予非盈利的法定机构相关启动资金，并为其设立减免税收和地价等经济支持和激励政策；其次，在公共房屋调配、土地划拨等方面给予一定的支持；再次，应当赋予其与各类政府部门密切协作的权限，使之能够调配足够的公共资源共同投入到更新事业中去。

同时，港澳地区的城市更新在不断试错和反思中推进的事实表明，城市更新需要的不仅是制度设计的精密性，更需要面向现实不断迭代调整的灵活性。因此，允许城市更新的机制变革实验在修正中不断前进，应当成为城市治理的基本共识。只有具备了足够的制度弹性和包容，作为复杂社会系统工程的城市更新才能实施得更为顺利。

参考文献

[1] 黄婷，郑荣宝，张雅琪. 基于文献计量的国内外城市更新研究对比分析 [J]. 城市规划，2017，41（5）：111-121.

[2] MEGAN R, MITCHEL A. "It's Not Community Round Here, It's Neighborhood": Neighborhood Change and Cohesion in Urban Regeneration Policies[J]. Urban Studies, 1999, 38（12）: 2167-219 4.

[3] MC S, MALYS N, MALINE V. Urban Regeneration for Sustainable Communities: A Case Study [J]. Ukio Technologinis Ir Ekonominis Vystymas, 2009, 15（1）: 49-59.

[4] DEMAN S. The Real Estate Takeover: Application of Grossman and Hart Theory[J]. International Review of Financial Analysis, 2000.

[5] 魏涛. 公共治理理论研究综述 [J]. 资料通讯，2006（7）：56-61.

[6] 汪向阳，胡春阳. 治理：当代公共管理理论的新热点 [J]. 复旦学报（社会科学版），2000（4）：136-140.

[7] YIN Z, ZHU S. Consistencies and Inconsistencies in Urban Governance and Development [J].Cities, 2020, 106, 102930.

[8] 史建华. 苏州古城的保护与更新 [M]. 南京：东南大学出版社，2003：35-42.

[9] 姜杰，宋芹. 我国城市更新的公共管理分析 [J]. 中国行政管理，2009（4）：11-14.

[10] 任绍斌. 城市更新中的利益冲突与规划协调 [J]. 现代城市研究，2011（1）：12-16.

[11] 吴志成. 西方治理理论述评 [J]. 教育与研究，2004（6）：60-65.

[12] RHODES R A W. Understanding Governance: PolicyNetworks, Governance, Reflexivity and Accountability[J]. Buckingham: Open University Press, 2007: 44-60.

[13] 斯托克. 作为理论的治理：五个论点 [J]. 国际社会科学杂志（中文版），1999（1）：19-28.

[14] 塞纳克伦斯. 治理与国际调节机制的危机 [J]. 国际社会科学，1999（1）：92.

[15] 星野昭吉. 全球政治学 [M]. 北京：新华出版社，2000：22-35.

[16] 奥斯本，盖布勒. 改革政府 [M]. 上海：译文出版社，1996：45-54.

[17] 胡正昌. 公共治理理论及其政府治理模式的转变 [J]. 前沿，2008（5）：90-93.

[18] LEES L. Super-Gentrification: The Case of Brooklyn Heights, New York City[J]. Urban Studies, 2003, 40（12）: 2487-2509.

[19] LEES L. A Reappraisal of Gentrification: Toward Geography of Gentrification[J]. Progress in Human Geography, 2000, 24（3）: 389-408.

[20] HARRISON C, DAVIES G. Conserving Biodiversity that Matters: Practitioners'

Perspectives on Brownfield Development and Urban Nature Conservation in London[J]. Journal of Environmental Management, 2002, 65（1）: 95-108.

[21] HALE J, SADLER J. Resilient Ecological Solutions for Urban Regeneration[J]. Proceedings of the Institution of Civil Engineers Engineering Sustainability, 2012, 165（1）: 59-67.

[22] SEPE M. Urban History and Cultural Resources in Urban Regeneration: A Case of Creative Waterfront Renewal[J]. Planning Perspectives, 2013, 28（4）: 595-613.

[23] 姚震寰. 西方城市更新政策演进及启示 [J]. 合作经济与科技, 2018（18）: 16-17.

[24] Bromley R D F, Thomas C J, Tallon A R. City Centre Regeneration Through Residential Development: Contributing to Sustainability[J]. Urban Studies, 2005, 42（13）: 2407-2429.

[25] BORTEL V G, ELSINGA M . A Network Perspective on the Organization of Social Housing in the Netherlands: The Case of Urban Renewal in the Hague[J]. Housing Theory & Society, 2007, 6383（1）: 32-48.

[26] BROWNILL S, CARPENTER J. Governance and "Integrated" Planning: The Case of Sustainable Communities in the Thames Gateway, England[J]. Urban Studies, 2009, 46（2）: 251-274.

[27] BARBER A, EASTAWAY M P. Leadership Challenges in the lnner City: Planning for Sustainable Regeneration in Birmingham and Barcelona[J]. Policy Studies, 2010, 31（4）: 393-411.

[28] KRIESE U, SCHOLZ R W. The Positioning of Sustainability Within Residential Property Marketing[J]. Urban Studies, 2011, 48（7）: 1503-1527.

[29] 陈易. 转型期中国城市更新的空间治理研究: 机制与模式 [D]. 南京: 南京大学, 2016.

[30] FORD G. Sustaining Local Involvement[J]. Community Development Journal, 1993, 41（4）: 351-366.

[31] DAVIES J S. Partnerships and Regimes: The Politics of Urban Regeneration in the UK[J]. Evening Standard, 2003: 8-10.

[32] IMRIE R, RACO M. Urban Renaissance? New Labour, Community and Urban Policy[J]. Tpr Town Planning Review, 2003: 25-35.

[33] BAGAEEN S G. Redeveloping Former Military Sites: Competitiveness, Urban Sustainability and Public Participation[J]. Cities, 2006, 23（5）: 339-352.

[34] MONECKE S, SLICKERS P, HOTZEL H, et al.. The Universal Common Good: Faith-Based Partnerships and Sustainable Development[J]. Sustainable Development, 2009, 17（1）: 30-48.

[35] THWALA W D. Experiences and Challenges of Community Participation in Urban Renewal Projects: The Case of Johannesburg, South Africa[J]. Journal of Construction in Developing Countries, 2009, 14（2）: 37.

[36] CINDERBY S. How to Reach the "Hard-to-Reach": The Development of Participatory Geographic Information Systems（P-GIS）for Inclusive Urban Design in UK Cities[J]. Area, 2010, 42（2）: 239-251.

[37] ROBERTS P S. Urban Regeneration[M]. London: The British Urban Regeneration Association, 2000: 5-6.

[38] WILLIAMS G. The Enterprising City Centre: Manchester's Development Challenge[M]. London: Spon Press, 2003.

[39] SCHUSTER M. Preserving the Built Heritage-Tools for Implementation[M]. University Press of New England, 1999: 11-15.

[40] SCOTT A J. Global City- Region: Trends, Theory and Policy[M]. Oxford University Press, 2007.

[41] ZHANG Y, KE F. Is History Repeating Itself? From Urban Renewal in the United States to Inner-City Redevelopment in China[J]. Journal of Planning Education and Research, 2004.

[42] 张更立. 变革中的香港市区重建政策——新思维、新趋向及新挑战 [J]. 城市规划, 2005（6）: 64-68.

[43] 陈敦鹏. 香港市区重建历程、机制及其启示: 转型与重构 [C]. 2011 中国城市规划年会. 南京, 2011.

[44] 殷晴. 香港《市区更新策略》检讨过程及对内地旧城更新的启发 [C]. 2013 中国城市规划年会. 青岛, 2013.

[45] NGAI-LONG S. A study of Urban Renewal Policy in a Changing Context [D]. Hong Kong: Hong Kong University, 2004: 43-46.

[46] HUI E C, WONG J T, WAN J K. A Review of the Effectiveness of Urban Renewal in Hong Kong[J]. Property Management, 2008（3）: 25-42.

[47] 马强. 1894—2016: 香港城市更新规划体系进程研究 [C]// 中国城市规划学会, 杭州市人民政府. 共享与品质——2018 中国城市规划年会论文集（02 城市更新）.

[48] NG S. Practice of Urban Renewal in Hong Kong [D]. Hong Kong: Hong Kong University, 2005: 112-117.

[49] CHEUNG E, CHAN A, CHUNG K, et al. Evaluating the Social, Cultural and Heritage Impacts of the "Revitalising Historic Buildings Through Partnership Scheme" in Hong Kong[J]. 2011: 91-102.

[50] YUNG E H K, WAN E C H. Critical Social Sustainability Factors in Urban Conservation: The Case of the Central Police Station Compound in Hong Kong[J]. Facilities, 2012, 30（9/10）: 396-416.

[51] YUNG E H K, LAI L W C, PHILIP L H. Public Decision Making for Heritage Conservation: A Hong Kong Empirical Study[J]. Habitat International, 2016, 53: 312-319.

[52] TAM V W Y, FUNG I W H, SING M C P. Adaptive Reuse in Sustainable Development: An Empirical Study of a Lui Seng Chun Building in Hong Kong[J]. Renewable and Sustainable Energy Reviews, 2016, 65: 635-642.

[53] 彭峰. 文化遗产的法律保护: 国际经验与澳门实践 [J]. 北京理工大学学报（社会科学版）, 2010, 12（3）: 82-86.

[54] 张鹊桥. 澳门文化遗产保护的回顾及展望——从《文物保护法令》到《文化遗产保护法》[J]. 城市规划, 2014, 38（s1）: 80-85.

[55] 郎朗. 澳门城市形态特色及保护策略研究 [D]. 广州: 广东工业大学, 2013: 1-63.

[56] CHUNG T. Valuing Heritage in Macau on Contexts and Processes of Urban Conservation [J]. Journal of Current Chinese Affairs, 2009, 38（1）: 129-160.

[57] 高伟, 张婉婷. 广州与澳门历史城区风貌保护与管理体系比较 [J]. 华中建筑, 2015（6）: 107-110.

[58] 童乔慧. 澳门历史建筑的保护与利用实践 [J]. 华中建筑, 2007, 25（8）: 206-210.

[59] IMON S S, DISTEFANO L D, LEE H Y. Preserving the Spirit of the Historic City of Macao Complexity and Contradiction[C]. ICOMOS 16th General Assembly & Symposium. Macao, 2008.

[60] 朱蓉. 城市文化遗产保护中的公众教育——澳门"文物大使计划"评述 [J]. 南方建筑, 2006（9）: 54-55.

[61] ADAMS D, HASTINGS E M. Urban Renewal in Hong Kong: Transition from Development Corporation to Renewal Authority[J]. Land Use Policy, 2001（6）: 245-258.

[62] ZHANG G. Governing Urban Regeneration: A Comparative Study of Hong Kong, Singapore and Taipei [D]. Hong Kong: Hong Kong University, 2004: 43-58.

[63] GWUN T Y. Urban Heritage Conservation in Hong Kong: The Feasibility of Adopting Area-Based Conservation Approach Under Hong Kong's Planning System[D]. Hong Kong: Hong Kong University, 2012.

[64] 黄文炜, 魏清泉. 香港的城市更新政策 [J]. 城市问题, 2008（9）: 77-83.

[65] CHAN E, LEE G K. Critical Factors for Improving Social Sustainability of Urban Renewal Projects[J]. Social Indicators Research, 2008（1）: 243-256.

[66] LAU C. Impacts of Urban Renewal on the Local Community of Hong Kong [D]. Hong Kong: Hong Kong University, 2009: 77-84.

[67] CHENG E W, MA S Y. Heritage Conservation through Private Donation: The Case of Dragon Garden in Hong Kong[J]. International Journal of Heritage Studies, 2009, 15(6): 511-528.

[68] Ku A S. Making Heritage in Hong Kong: A case Study of the Central Police Station Compound[J]. The China Quarterly, 2010, 202: 381-399.

[69] Kong Y. The Three Musketeers in Heritage Conservation: A Study of the Existing Legal Framework for Effective Urban Conservation in Hong Kong [D]. Hong Kong: Hong Kong

University, 2012：33-41.

[70] 陶希东. 新时期香港城市更新的政策经验及启示 [J]. 城市发展研究, 2016, 23（2）. 39-45.

[71] 周丽莎. 香港旧区活化的政策对广州旧城改造的启示 [J]. 现代城市研究, 2009（2）. 35-38.

[72] 殷晴. 香港地区市区重建策略研究及对广州市旧城更新的启示 [D]. 广州：华南理工大学, 2014：5-6.

[73] 邹涵, 夏欣. 香港市区更新策略与实践的回顾——以荃湾、观塘市中心项目为例 [J]. 华中建筑, 2012（6）：52-55.

[74] 翟斌庆. 香港历史地段"再生"案例的可持续性评价 [J]. 华中建筑, 2015（3）：11-15.

[75] 李乔琳, 杨箐丛, 霍子文. 城市更新中的集体回忆——对话香港市区重建局 [C]. 2016中国城市规划年会. 沈阳, 2016.

[76] 张佳, 华晨, 杜睿杰. 香港私人历史建筑保育中不同结局的原因及应对——基于三个典型案例 [J]. 国际城市规划, 2015（6）：85-92.

[77] 翟斌庆, 陈炳泉, 许楗, 等. 历史建筑活化项目中的社区参与和社区评价——以香港前北九龙裁判法院（NKM）为例 [J]. 城市规划, 2014（5）：58-64.

[78] 马宁, 寿劲秋. 集体记忆推动下香港历史建筑活化的启示研究 [J]. 华中建筑, 2015（33）：35-40.

[79] 齐一聪. 香港文物建筑保育中的"以人为本"述论 [J]. 中国名城, 2016（4）：90-96.

[80] 崔世平, 兰小梅, 罗赤. 澳门创意产业区的规划研究与实践 [J]. 城市规划, 2004, 28（8）：93-96.

[81] 罗赤, 李海涛. 澳门创意产业园区规划 [J]. 城市规划通讯, 2006（11）：18-19.

[82] 徐超. 澳门"德成按"：上海世博会上展示"活化"的历史 [N]. 中国文物报, 2010-04-23（001）.

[83] 许政. 鲜有的"文化共时结构"——"世界遗产"澳门的生存与发展之道 [J]. 华中建筑, 2006, 24（8）：168-170.

[84] 郑剑艺, 田银生. 回归以来内地在澳门城市规划领域的相关研究综述 [J]. 建筑与文化, 2015（6）：12-17.

[85] CHAPLAIN I. Urban Regeneration and the Sustainability of Colonial Built Heritage：A Case Study of Macau, China[J]. Sustainable City II Urban Regeneration & Sustainability, 2002：1-18.

[86] 钟宏亮, 李菁. 澳门遗产的培养：回归后的延续与断裂 [J]. 世界建筑, 2009（12）：56-59.

[87] 赵峥. 城市历史文化遗产保护和开发研究——以澳门为例 [J]. 城市, 2009（9）：63-66.

[88] WAN Y K P, PINHEIRO F V. Challenges and Future Strategies for Heritage Conservation in Macao[J]. South Asian Journal of Tourism & Heritage, 2009, 2（1）：6-12.

[89] CHAN K S, SIU Y F P. Urban Governance and Social Sustainability[J]. Asian Education & Development Studies, 2015, 4（3）：1-10.

[90] MOK K. Garden and City：Conservation of Urban Cultural Landscape Through Partnership, A Case Study of Macau's Historic Garden, San Francisco Garden[J], 2007：1-16.

[91] CHEN Z V. Public Private Partnership（PPP）in Heritage Conservation：The Case Study of Casa De Cha Long Wa, Macao[J], 2013：8-45.

[92] 梁耀鸿. 澳门历史城区景观风貌控制研究 [D]. 厦门：华侨大学，2013：16-24.

[93] 王维仁. 澳门历史街区城市肌理研究——触媒空间"围"的建筑勘察与工作坊 [J]. 世界建筑，2009（12）：112-117.

[94] 郑剑艺，费迎庆，刘塨. 澳门望德堂塔石片区点轴式城市更新 [J]. 规划师,2015,31（5）：66-72.

[95] 香港特区政府统计处. 统计发展概要（2017 年版）[EB/OL].（2017-04-25）[2018-02-10]. https：//www.censtatd.gov.hk.

[96] 香港特别行政区政府发展局. 市区重建策略 [EB/OL].（2011-02-14）[2017-03-22]. http：//www.ura.org.hk.

[97] 香港特区政府统计处. 2020 年年底人口统计数据 [EB/OL].（2022-04-19）[2022-04-24]. http：//www.censtatd.gov.hk.

[98] 香港规划署. 香港 2030 研究专题：人口房屋经济及空间发展模式 [EB/OL].（2016-12-29）[2017-05-22]. http：//www.pland.gov.hk.

[99] 邹涵. 香港近代城市规划与建设的历史研究（1841-1997）[D]. 武汉：武汉理工大学，2011：39-42.

[100] 黄丽玲. 都市更新与都市统理：台北与香港的比较研究 [D]. 台北：台湾大学，2002：32-33.

[101] 高马可. 香港简史 [M]. 林立伟，译. 香港：中华书局（香港）有限公司，2013：90-94.

[102] 吕大乐. 唔该埋单——一个社会学家的香港笔记 [M]. 北京：北京大学出版社，2007：40.

[103] 钟澄. 香港城市更新土地强制售卖制度及对内地启示研究 [M]. 北京：法律出版社，2016.

[104] 何海明. 旧区重建需要新思维 [N]. 信报，2017-03-07（24）.

[105] 周光晖. 重建发展与保育活化的平衡 [N]. 信报，2017-05-12（46）.

[106] LAW C K, CHUI E W T, WONG Y C, et al.. The Achievements and Challenges of Urban Renewal in Hong Kong[R]. Hong Kong：Hong Kong University，2010：16-18.

[107] 邹崇铭，韩江雪. 僭建都市：从城乡规划到社区更新 [M]. 香港：印象文字出版社，2013：98.

[108] STONE C N. Regime Politics：Governing Atlanta 1946–1988 [J]. Journal of Politics，1991, 53（2）：144-156.

[109] LEE K L G. Sustainable Urban Renewal Model for a High Density City -Hong Kong[D]. Hong Kong：Hong Kong Polytechnic University，2009：86-89.

[110] WANG H, SHEN Q, TANG B S, et al.. A Framework of Decision-making Factors

and Supporting Information for Facilitating Sustainable Site Planning in Urban Renewal projects[J]. Cities, 2014, 40（40）: 44-55.

[111] WORDIE J. Streets: Exploring Hong Kong Island[M]. Hong Kong: Hong Kong University Press Island, 2001: 55-57.

[112] 黄文炜，魏清泉. 香港市区重建政策对广州旧城更新发展启示 [J]. 城市规划学刊，2007（5）: 97-103.

[113] 香港影子长策会. 住屋不是地产：民间长远房屋策略研究报告 [M]. 香港：印象文字出版社，2014: 252-253.

[114] 罗致光，徐永德，黄于唱，等. 香港市区更新的成就与挑战研究报告 [R/OL]. 香港：香港大学，2010[2017-06-23].http://www.ursreview.gov.hk.

[115] WONG K G. Change or Die: Cultural Mapping of the Tangible and Intangible Changes of Hawker Stalls on Graham Street[D]. Hong Kong: Hong Kong University, 2014.

[116] 王欣. 伦敦道克兰城市更新实践 [J]. 城市问题，2004（5）: 72-75.

[117] 香港市区重建局.2015-2016 市建局年报 [EB/OL].（2016-08-14）[2017-07-10]. http://www.ura.org.hk.

[118] 李斌，徐歆彦，邵怡，等. 城市更新中公众参与模式研究 [J]. 建筑学报，2012（s2）: 134-137.

[119] 澳门特别行政区政府旅游局. 旅游地图 [EB/OL].（2016-05-23）[2017-06-11]. http://macaumap.macautourism.gov.mo/index.asp.

[120] Wan Y K P, PINHEIRO F V, KORENAGA M. Planning for Heritage Conservation in Macao[M]. Macao: Planning and Development, 2007, 22（1）: 3.

[121] 朱蓉. 澳门世界文化遗产保护管理研究 [M]. 北京：社会科学文献出版社，2015: 107-126.

[122] 何伟杰. 澳门文物保护的回顾：一些当地华人学者的观点 [J]. 世界建筑，2009（12）: 64-65.

[123] 陈家辉. 澳门土地改革法研究 [M]. 北京：社会科学文献出版社，2012: 15.

[124] 温雅. 澳门城市规划体系的发展历程及特征评述 [J]. 城市规划，2014, 38（s1）: 23-30.

[125] 陈华强. 澳门分层所有权法律制度研究 [D]. 北京：中国政法大学，2015.

[126] Cultural Institute of the Macao SAR Government. Cultural Significance[C]. The International Conference on the Conservation of Urban Heritage. Macao, 2002.

[127] 澳门特别行政区政府文化局. 澳门特别行政区第 11/2013 号法律《文化遗产保护法》[S]. 2013: 1859-1899.

[128] 澳门特别行政区政府印务局. 澳门特别行政区第 10/2013 号法律《土地法》[S]. 2013: 1794-1859.